中国城市二氧化碳排放数据集（2012）

蔡博峰 杨朝飞 陆 军 曹丽斌 / 著

中国环境出版社·北京

图书在版编目（CIP）数据

中国城市二氧化碳排放数据集.2012/蔡博峰等著.
-- 北京：中国环境出版社，2017.5
ISBN 978-7-5111-3118-8

Ⅰ．①中… Ⅱ．①蔡… Ⅲ．①城市－二氧化碳－
排气－统计数据－中国－2012 Ⅳ．①X511

中国版本图书馆CIP数据核字(2017)第058258号

出 版 人　王新程
责任编辑　丁莞歆
责任校对　尹　芳
装帧设计　宋　瑞

出版发行　中国环境出版社
　　　　　（100062　北京市东城区广渠门内大街16号）
　　　　　网　　　址：http://www.cesp.com.cn
　　　　　电子邮箱：bjgl@cesp.com.cn
　　　　　联系电话：010-67112765（编辑管理部）
　　　　　　　　　　010-67175507（环境科学分社）
　　　　　发行热线：010-67125803，010-67113405（传真）
　　　　　印装质量热线：010-67113404
印　　刷　北京中科印刷有限公司
经　　销　各地新华书店
版　　次　2017年5月第1版
印　　次　2017年5月第1次印刷
开　　本　787×1092　1/16
印　　张　10.75
字　　数　100千字
定　　价　55.00元

专家委员会（按姓氏拼音排序）

高庆先　姜克隽　毛显强　陶　澍　王金南　庄贵阳

参与研究人员

蔡博峰　杨朝飞　陆　军　曹丽斌　刘春兰　杨姝影
马　越　朱旭峰　杨　帆

前 言

城市温室气体排放数据的缺乏和可获取性差，长期以来一直是中国城市相关低碳研究和低碳实践的重要制约。低碳研究方面，研究者很难获得数据源稳定、可靠的城市排放数据，使得同一研究对象的不同研究差异很大，也使得对数据缺乏城市的相关研究很少。北京、上海、广州等超大城市由于能源统计能力强和数据公开性好，往往成为研究和关注的热点，而部分中小城市受限于数据，其城市碳排放和低碳发展问题长期处在研究者和公众关注的视线之外，而这些城市恰恰是中国当前低碳发展过程中最需要关注的。根据本书研究结果，许多中小城市不仅人均排放高，而且有着向高碳路径发展的趋势。中国城市排放数据可获取性的不平衡，直接导致了城市低碳研究和关注度的不均衡，从而在一定程度上导致了资金和政府支持力度的不均衡。如若形成正反馈，中国城市的低碳发展将很有可能形成两极分化。低碳实践方面，由于城市决策者和管理者难以获得中国所有城市或者同类（经济、人口、产业结构相似）城市的二氧化碳排放信息，因而难以精准定位自身在中国低碳发展中的坐标，从而难以明确自身的低碳发展目标，往往参照国家、省或者国际城市的目标确定自身目标，常常出现目标脱离现实的情况。

本书利用中国 2012 年高空间分辨率网格数据（1 km）（China High Resolution Emission Gridded Data，CHRED），采用统一数据源和规范化、标准化数据处理方法，建立了 2012 年中国城市二氧化碳排放数据集，并希望能将这项工作坚持下去，长期提供中国城市层面上的二氧化碳排放数据，从而在一定程度上解决中国城市碳排放数据缺乏的问题。

本书所研究的内容是环境保护部环境规划院和中国工业环保促进会共同完成的，并得到了社会各方人士，特别是蓝月基金会（Blue Moon Fund）张冀强博士和洛克菲勒兄弟基金会（Rockefeller Brothers Fund）郭慎宇女士的大力支持，在此一并致以由衷的感谢！

本书只是我们从第三方视角开展的一次独立研究的尝试，难免有片面或疏漏的地方，敬请读者不吝赐教。

著者
2017 年 4 月

目录

第一部分　城市排放 /1

直辖市 /4

河北 /7

山西 /10

内蒙古 /13

辽宁 /16

吉林 /20

黑龙江 /23

江苏 /26

浙江 /29

安徽 /32

福建 /36

江西 /39

山东 /42

河南 /46

湖北 /50

湖南 /53

广东 /56

广西 /60

四川 /64

贵州 /68

云南 /71

陕西 /74

甘肃 /77

宁夏 /80

海南、西藏、青海、新疆 /83

第二部分　城市排名 /87

分类相对评估—产业结构—服务业型 /90
分类相对评估—产业结构—工业型 /91
分类相对评估—产业结构—其他型 /99
分类相对评估—人口规模—特大城市 /105
分类相对评估—人口规模— 大城市 /110
分类相对评估—人口规模— 中小城市 /116
分类相对评估—综合实力— 一、二线 /120
分类相对评估—综合实力— 三、四线 /121
分类相对评估—综合实力— 五、六线 /126
分类相对评估—气候条件— 气候 A/135
分类相对评估—气候条件—气候 B/140
分类相对评估—气候条件—气候 C/145
绝对排名 /150

第三部分　附录 /159

附录 1：研究方法和数据 /161
附录 2：城市排名方法 /165

参考文献 /166

第一部分
城市排放

本部分按省（自治区、直辖市）依次列出所辖城市各部门在 2012 年的二氧化碳排放水平、城市人均和单位 GDP 的二氧化碳排放强度与排放特征图。

城市各排放部门解释

名称	解释	
工业能源	工业企业能源燃烧产生的二氧化碳排放	
农业	农业活动中能源燃烧产生的二氧化碳排放	
服务业	服务业企业能源燃烧产生的二氧化碳排放	
城镇生活	城镇生活能源燃烧产生的二氧化碳排放	
农村生活	农村生活能源燃烧产生的二氧化碳排放	
工业过程	工业企业生产过程中产生的（非能源燃烧）二氧化碳排放	
交通	道路、铁路、航空、水运能源燃烧产生的二氧化碳排放	
工业	工业能源＋工业过程	
能源	工业能源＋服务业＋农业＋交通＋城镇生活＋农村生活	
直接	工业能源＋工业过程＋服务业＋农业＋交通＋城镇生活＋农村生活	
间接	城市外调电力引起的二氧化碳排放	
总排放	直接＋间接	
单位 GDP 排放	总 GDP	总排放 / GDP
	第一产业	农业排放 / 农业 GDP
	第二产业	工业排放 / 工业 GDP
	第三产业	服务业排放 / 服务业 GDP
地均排放	总排放 / 城市面积	
人均排放	总排放 / 城市常住人口数	
碳生产率	GDP / 总排放	

直辖市

城市名称	二氧化碳排放量 / 万 t					
	工业能源	农业	服务业	城镇生活	农村生活	工业过程
北京	5 270.40	81.68	1 234.28	1 682.94	463.56	482.46
天津	13 920.76	88.28	553.74	399.51	155.86	92.06
上海	14 177.79	62.07	1 605.51	1 003.06	281.41	30.65
重庆	12 368.08	633.72	301.14	518.11	444.15	2 346.10

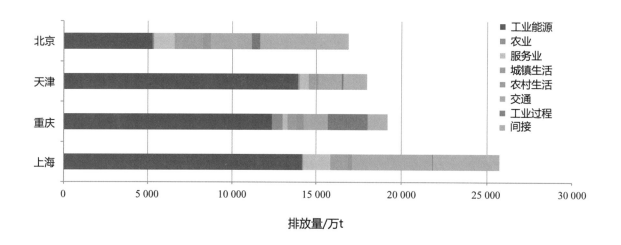

直辖市二氧化碳排放结构图

直辖市

城市名称	二氧化碳排放量 / 万 t					
	交通	工业	能源	直接	间接	总排放
北京	2 442.70	5 752.86	11 175.56	11 658.02	5 232.43	16 890.45
天津	1 374.84	14 012.82	16 492.99	16 585.05	1 399.93	17 984.98
上海	4 683.49	14 208.44	21 813.33	21 843.98	3 881.53	25 725.51
重庆	1 419.67	14 714.18	15 684.87	18 030.97	1 159.80	19 190.77

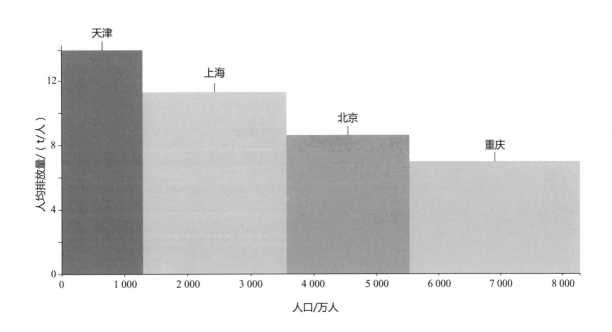

直辖市人均二氧化碳排放图

直辖市

城市名称	单位 GDP 二氧化碳排放量 /（t/ 万元）				地均排放 /（t/km²）	人均排放 /（t/ 人）	碳生产率 /（万元 /t）
	总 GDP	第一产业	第二产业	第三产业			
北京	1.00	0.55	0.34	0.10	10 292.58	8.61	1.00
天津	1.25	0.51	0.98	0.09	15 293.83	13.90	0.80
上海	1.27	0.49	0.70	0.13	40 576.40	11.30	0.78
重庆	2.23	1.29	1.71	0.08	2 329.72	6.98	0.45

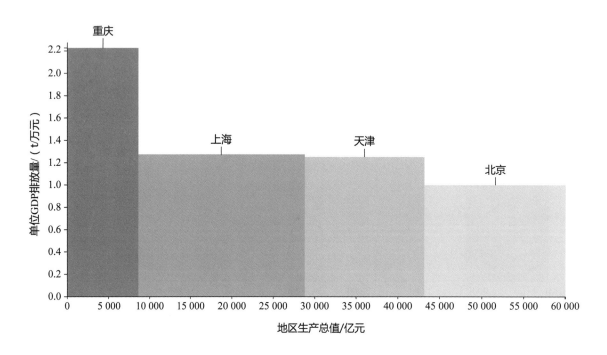

直辖市单位 GDP 二氧化碳排放图

河北

城市名称	二氧化碳排放量 / 万 t					
	工业能源	农业	服务业	城镇生活	农村生活	工业过程
石家庄	7 921.80	48.32	259.55	162.46	212.91	857.59
唐山	16 336.07	45.58	188.35	115.14	182.85	1 182.92
秦皇岛	1 989.98	17.34	77.77	47.69	45.07	165.79
邯郸	10 916.45	50.24	166.26	105.55	230.47	445.53
邢台	4 088.39	53.85	95.52	94.20	179.24	451.00
保定	2 946.02	63.33	177.93	122.29	371.35	302.56
张家口	4 333.74	105.87	95.53	52.03	52.70	100.67
承德	2 112.94	47.81	33.02	17.98	17.71	264.93
沧州	1 464.97	67.44	88.59	64.43	198.54	3.16
廊坊	2 261.04	31.56	55.18	54.18	124.48	32.90
衡水	1 116.90	44.81	47.15	27.03	109.35	0.00

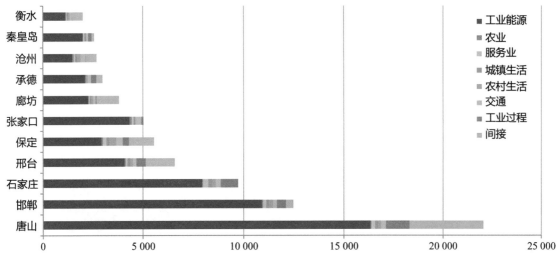

河北城市二氧化碳排放结构图

河北

城市名称	二氧化碳排放量／万 t					
	交通	工业	能源	直接	间接	总排放
石家庄	254.24	8 779.39	8 859.28	9 716.87	0.00	9 716.87
唐山	251.73	17 518.99	17 119.72	18 302.64	3 771.39	22 074.03
秦皇岛	100.49	2 155.77	2 278.34	2 444.13	135.76	2 579.89
邯郸	194.27	11 361.98	11 663.24	12 108.77	374.58	12 483.35
邢台	171.80	4 539.39	4 683.00	5 134.00	1 429.88	6 563.88
保定	325.12	3 248.58	4 006.04	4 308.60	1 242.91	5 551.51
张家口	288.27	4 434.41	4 928.14	5 028.81	0.00	5 028.81
承德	193.26	2 377.87	2 422.72	2 687.65	309.85	2 997.50
沧州	261.83	1 468.13	2 145.80	2 148.96	551.57	2 700.53
廊坊	132.85	2 293.94	2 659.29	2 692.19	1 131.77	3 823.96
衡水	116.52	1 116.90	1 461.76	1 461.76	535.27	1 997.03

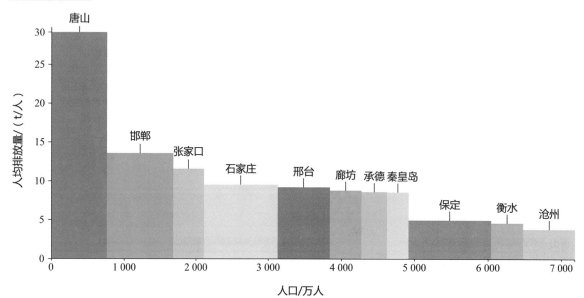

河北城市人均二氧化碳排放图

河北

城市名称	单位 GDP 二氧化碳排放量 /（t/ 万元）				地均排放 /（t/km²）	人均排放 /（t/ 人）	碳生产率 /（万元 /t）
	总 GDP	第一产业	第二产业	第三产业			
石家庄	2.16	0.11	1.95	0.14	6 126.25	9.55	0.46
唐山	3.77	0.09	2.99	0.10	16 391.69	29.14	0.27
秦皇岛	2.25	0.12	1.89	0.14	3 286.04	8.58	0.44
邯郸	4.12	0.13	3.76	0.16	10 330.19	13.58	0.24
邢台	4.27	0.23	2.96	0.19	5 264.70	9.21	0.23
保定	2.04	0.17	1.19	0.21	2 507.41	4.97	0.49
张家口	4.08	0.51	3.59	0.20	1 365.94	11.59	0.24
承德	2.53	0.23	2.01	0.09	756.68	8.62	0.39
沧州	0.97	0.22	0.52	0.09	1 938.34	3.82	1.03
廊坊	2.14	0.16	1.28	0.09	5 966.13	8.80	0.47
衡水	1.98	0.25	1.10	0.16	2 262.02	4.61	0.51

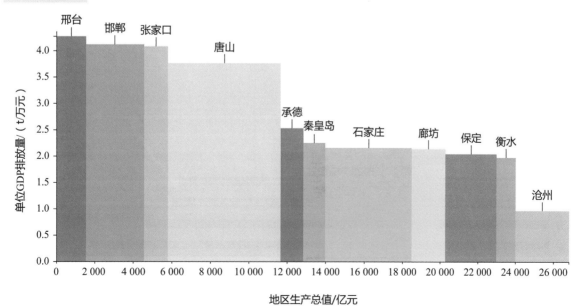

河北城市单位 GDP 二氧化碳排放图

山西

城市名称	二氧化碳排放量 / 万 t					
	工业能源	农业	服务业	城镇生活	农村生活	工业过程
太原	8 887.38	14.64	261.11	183.76	109.45	202.45
大同	5 348.92	35.70	182.48	99.79	81.08	281.37
阳泉	1 771.39	6.12	81.78	87.04	32.87	160.45
长治	11 810.07	43.66	62.67	26.45	184.66	196.88
晋城	3 790.40	24.05	27.97	36.53	109.44	188.30
朔州	4 344.55	36.14	40.77	22.52	75.07	213.06
晋中	3 967.52	34.45	71.46	45.73	133.32	113.35
运城	7 759.36	59.23	72.56	67.69	325.05	196.08
忻州	3 356.80	56.05	45.06	20.29	161.36	160.22
临汾	10 180.16	53.78	68.90	78.95	204.99	91.80
吕梁	3 151.19	52.34	43.46	66.81	143.14	325.45

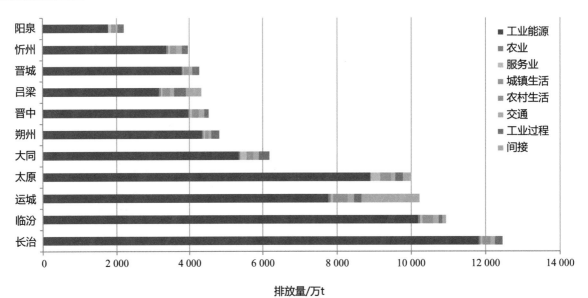

山西城市二氧化碳排放结构图

城市名称	二氧化碳排放量 / 万 t					
	交通	工业	能源	直接	间接	总排放
太原	118.60	9 089.83	9 574.94	9 777.39	228.64	10 006.03
大同	152.58	5 630.29	5 900.55	6 181.92	0.00	6 181.92
阳泉	56.95	1 931.84	2 036.15	2 196.60	0.00	2 196.60
长治	124.48	12 006.95	12 251.99	12 448.87	0.00	12 448.87
晋城	97.15	3 978.70	4 085.54	4 273.84	0.00	4 273.84
朔州	79.78	4 557.61	4 598.83	4 811.89	0.00	4 811.89
晋中	158.95	4 080.87	4 411.43	4 524.78	0.00	4 524.78
运城	176.33	7 955.44	8 460.22	8 656.30	1 565.27	10 221.57
忻州	163.44	3 517.02	3 803.00	3 963.22	0.00	3 963.22
临汾	155.74	10 271.96	10 742.52	10 834.32	104.96	10 939.28
吕梁	122.59	3 476.64	3 579.53	3 904.98	423.30	4 328.28

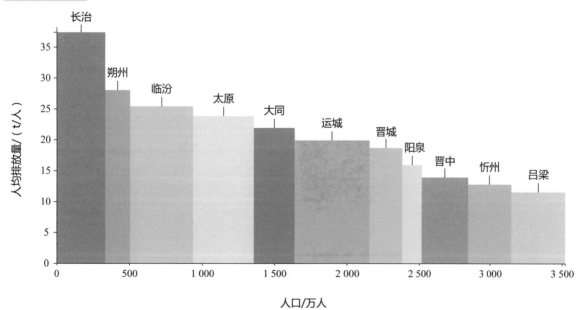

山西城市人均二氧化碳排放图

山西

城市名称	单位GDP二氧化碳排放量/（t/万元）				地均排放/（t/km²）	人均排放/（t/人）	碳生产率/（万元/t）
	总GDP	第一产业	第二产业	第三产业			
太原	4.34	0.38	3.93	0.22	14 364.58	23.85	0.23
大同	6.64	0.76	6.05	0.46	4 377.74	21.95	0.15
阳泉	3.63	0.59	3.21	0.31	4 775.56	15.95	0.28
长治	9.38	0.86	9.04	0.19	8 972.19	37.39	0.11
晋城	4.21	0.58	3.93	0.08	4 520.48	18.69	0.24
朔州	4.78	0.77	4.53	0.10	4 505.94	28.05	0.21
晋中	4.59	0.38	4.14	0.20	2 763.60	13.94	0.22
运城	9.56	0.36	7.44	0.17	7 206.33	19.90	0.10
忻州	6.33	0.95	5.66	0.17	1 564.27	12.81	0.16
临汾	8.99	0.63	8.41	0.19	5 413.85	25.43	0.11
吕梁	3.51	0.88	2.83	0.13	2 031.92	11.58	0.29

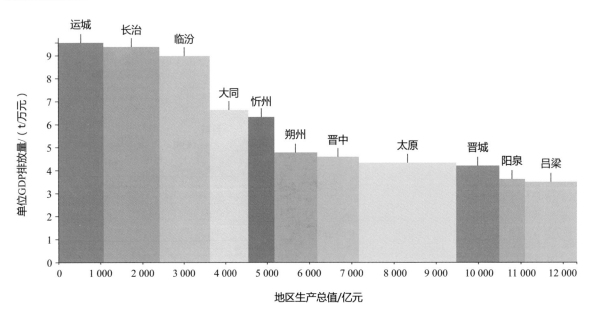

山西城市单位GDP二氧化碳排放图

内蒙古

城市名称	二氧化碳排放量 / 万 t					
	工业能源	农业	服务业	城镇生活	农村生活	工业过程
呼和浩特	5 542.68	40.99	461.72	235.20	86.07	300.71
包头	6 407.23	30.56	599.63	250.49	45.93	5.61
乌海	2 347.51	0.87	111.76	50.98	9.90	820.54
赤峰	2 490.26	131.98	268.34	83.48	257.37	274.12
通辽	4 847.53	112.11	189.55	59.96	165.14	34.82
鄂尔多斯	15 150.97	28.93	88.30	137.83	37.68	276.72
呼伦贝尔	5 260.29	130.97	389.54	121.21	92.32	174.22
巴彦淖尔	1 825.35	43.69	115.91	59.67	107.64	189.16
乌兰察布	3 964.45	95.25	196.71	61.23	98.09	284.82

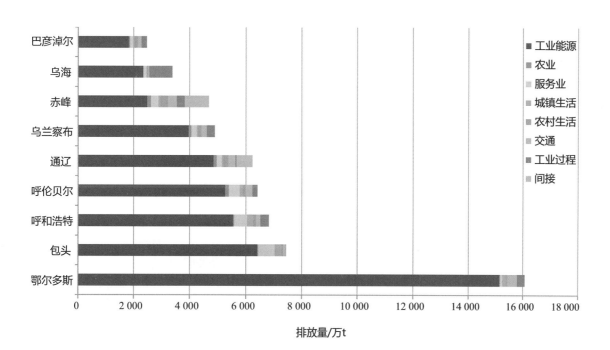

内蒙古城市二氧化碳排放结构图

内蒙古

城市名称	二氧化碳排放量 / 万 t					
	交通	工业	能源	直接	间接	总排放
呼和浩特	156.84	5 843.39	6 523.50	6 824.21	0.00	6 824.21
包头	100.25	6 412.84	7 434.09	7 439.70	0.00	7 439.70
乌海	44.19	3 168.05	2 565.21	3 385.75	0.00	3 385.75
赤峰	321.96	2 764.38	3 553.39	3 827.51	850.31	4 677.82
通辽	251.26	4 882.35	5 625.55	5 660.37	571.00	6 231.37
鄂尔多斯	351.87	15 427.69	15 795.58	16 072.30	0.00	16 072.30
呼伦贝尔	240.90	5 434.51	6 235.23	6 409.45	0.00	6 409.45
巴彦淖尔	131.80	2 014.51	2 284.06	2 473.22	0.00	2 473.22
乌兰察布	193.94	4 249.27	4 609.67	4 894.49	0.00	4 894.49

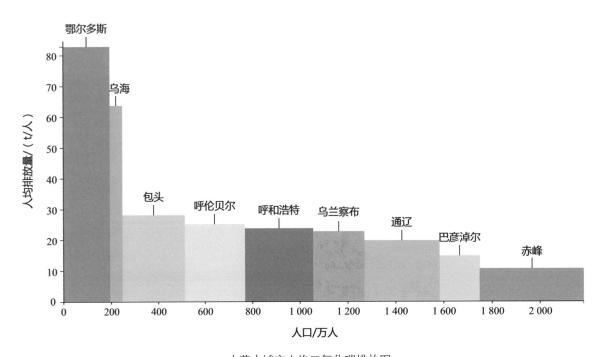

内蒙古城市人均二氧化碳排放图

内蒙古

城市名称	单位 GDP 二氧化碳排放量 /（t/ 万元）				地均排放 /（t/km²）	人均排放 /（t/ 人）	碳生产率 /（万元 /t）
	总 GDP	第一产业	第二产业	第三产业			
呼和浩特	2.77	0.35	2.38	0.30	3 909.23	23.80	0.36
包头	2.32	0.35	2.00	0.42	2 686.27	28.14	0.43
乌海	6.38	0.17	5.96	0.70	19 338.63	63.65	0.16
赤峰	2.98	0.56	1.78	0.57	515.33	10.69	0.34
通辽	3.68	0.49	2.88	0.45	1 045.64	19.83	0.27
鄂尔多斯	4.40	0.28	4.22	0.07	1 852.79	82.82	0.23
呼伦贝尔	4.81	0.55	4.07	0.85	253.66	25.21	0.21
巴彦淖尔	3.16	0.29	2.57	0.69	383.84	14.81	0.32
乌兰察布	6.27	0.79	5.46	0.81	821.61	22.79	0.16

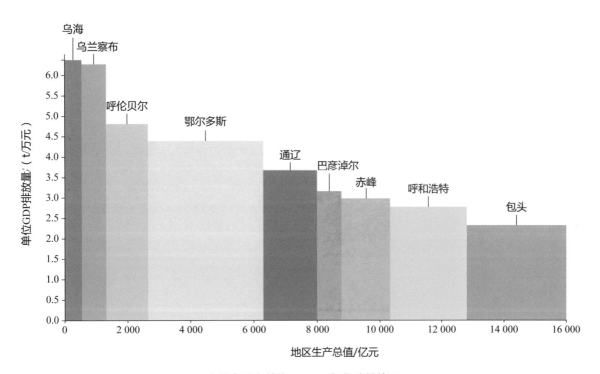

内蒙古城市单位 GDP 二氧化碳排放图

辽宁

城市名称	二氧化碳排放量／万 t					
	工业能源	农业	服务业	城镇生活	农村生活	工业过程
沈阳	4 184.46	48.73	446.80	163.38	91.30	105.33
大连	7 070.99	30.51	315.43	97.37	62.96	783.41
鞍山	4 585.57	19.50	179.87	56.54	47.90	57.70
抚顺	3 373.39	11.12	120.91	37.32	16.64	80.26
本溪	3 451.68	6.97	78.50	24.26	12.34	254.69
丹东	932.33	19.22	90.82	28.07	19.17	23.20
锦州	1 696.35	31.98	107.97	37.87	49.35	0.00
营口	3 092.15	9.77	101.77	37.87	39.07	24.62
阜新	1 743.52	33.85	95.72	32.22	21.11	99.07
辽阳	2 694.53	11.19	80.79	25.01	30.06	436.23
盘锦	2 591.65	10.37	44.69	17.29	24.41	0.00
铁岭	3 278.95	37.14	69.92	27.55	50.38	29.84
朝阳	1 042.64	38.25	65.92	30.98	34.81	130.53
葫芦岛	2 612.18	19.83	58.42	23.73	42.83	94.27

辽宁

城市名称	二氧化碳排放量 / 万 t					
	交通	工业	能源	直接	间接	总排放
沈阳	620.18	4 289.79	5 554.85	5 660.18	983.94	6 644.12
大连	590.71	7 854.40	8 167.97	8 951.38	628.47	9 579.85
鞍山	224.32	4 643.27	5 113.70	5 171.40	1 426.79	6 598.19
抚顺	230.70	3 453.65	3 790.08	3 870.34	144.48	4 014.82
本溪	185.90	3 706.37	3 759.65	4 014.34	743.39	4 757.73
丹东	318.25	955.53	1 407.86	1 431.06	0.00	1 431.06
锦州	228.15	1 696.35	2 151.67	2 151.67	247.37	2 399.04
营口	199.57	3 116.77	3 480.20	3 504.82	310.34	3 815.16
阜新	220.88	1 842.59	2 147.30	2 246.37	0.00	2 246.37
辽阳	123.40	3 130.76	2 964.98	3 401.21	726.94	4 128.15
盘锦	116.56	2 591.65	2 804.97	2 804.97	460.48	3 265.45
铁岭	283.01	3 308.79	3 746.95	3 776.79	0.00	3 776.79
朝阳	356.44	1 173.17	1 569.04	1 699.57	348.89	2 048.46
葫芦岛	182.89	2 706.45	2 939.88	3 034.15	0.00	3 034.15

辽宁

城市名称	单位 GDP 二氧化碳排放量 /（t/ 万元）				地均排放 /（t/km²）	人均排放 /（t/ 人）	碳生产率 /（万元 /t）
	总 GDP	第一产业	第二产业	第三产业			
沈阳	1.01	0.16	0.65	0.15	5 119.88	8.20	0.99
大连	1.37	0.07	1.12	0.11	7 623.67	14.33	0.73
鞍山	2.72	0.15	1.91	0.18	7 128.88	18.10	0.37
抚顺	3.25	0.11	2.79	0.30	3 566.83	18.80	0.31
本溪	4.28	0.10	3.33	0.22	5 658.22	27.84	0.23
丹东	1.41	0.13	0.94	0.26	934.94	5.85	0.71
锦州	1.93	0.18	1.37	0.24	2 425.98	7.67	0.52
营口	2.76	0.09	2.26	0.18	7 269.06	15.69	0.36
阜新	4.01	0.28	3.29	0.55	2 171.13	12.36	0.25
辽阳	4.13	0.17	3.13	0.26	8 720.34	22.22	0.24
盘锦	2.63	0.10	2.08	0.17	8 041.70	23.48	0.38
铁岭	3.87	0.20	3.39	0.25	2 906.05	13.88	0.26
朝阳	2.21	0.18	1.27	0.23	1 031.39	6.68	0.45
葫芦岛	4.22	0.20	3.76	0.20	2 914.81	11.57	0.24

辽宁

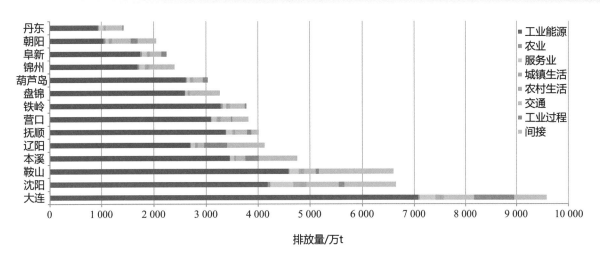

辽宁城市二氧化碳排放结构图

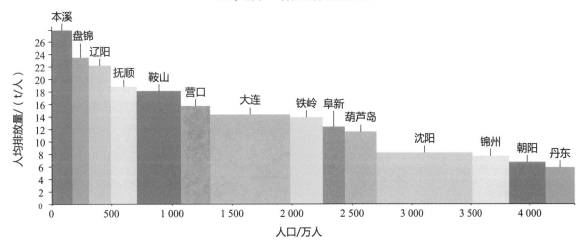

辽宁城市人均二氧化碳排放图

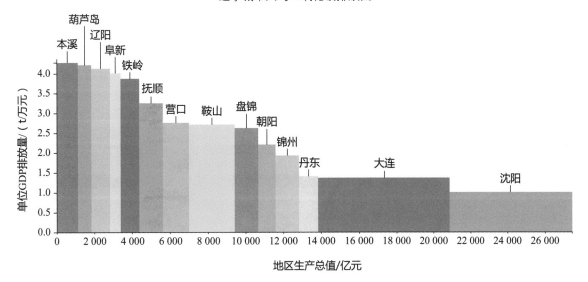

辽宁城市单位 GDP 二氧化碳排放图

吉林

城市名称	二氧化碳排放量 / 万 t					
	工业能源	农业	服务业	城镇生活	农村生活	工业过程
长春	5 217.51	34.61	290.45	103.59	33.48	6.53
吉林	5 289.55	19.82	203.76	68.37	17.70	811.79
四平	2 300.89	23.07	83.74	27.97	19.35	265.78
辽源	1 243.74	5.97	40.55	12.30	4.89	210.78
通化	2 350.23	9.42	61.79	21.38	11.38	91.41
白山	1 900.16	3.64	41.87	12.70	4.48	159.62
松原	1 385.31	29.10	37.52	18.32	18.98	0.00
白城	1 134.87	25.60	70.94	21.50	11.09	0.00

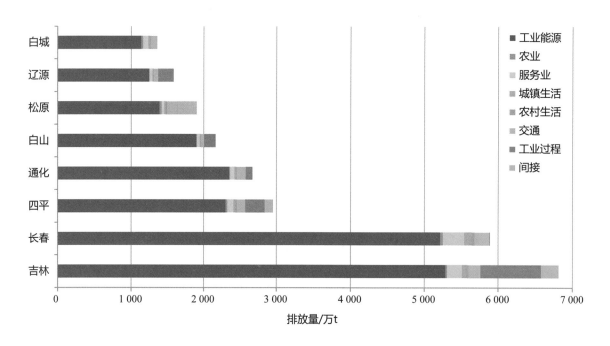

吉林城市二氧化碳排放结构图

城市名称	二氧化碳排放量 / 万 t					
	交通	工业	能源	直接	间接	总排放
长春	202.53	5 224.04	5 882.17	5 888.70	0.00	5 888.70
吉林	162.89	6 101.34	5 762.09	6 573.88	235.50	6 809.38
四平	119.33	2 566.67	2 574.35	2 840.13	114.55	2 954.68
辽源	60.39	1 454.52	1 367.84	1 578.62	0.00	1 578.62
通化	124.38	2 441.64	2 578.58	2 669.99	0.00	2 669.99
白山	41.96	2 059.78	2 004.81	2 164.43	0.00	2 164.43
松原	142.35	1 385.31	1 631.58	1 631.58	271.45	1 903.03
白城	89.27	1 134.87	1 353.27	1 353.27	0.00	1 353.27

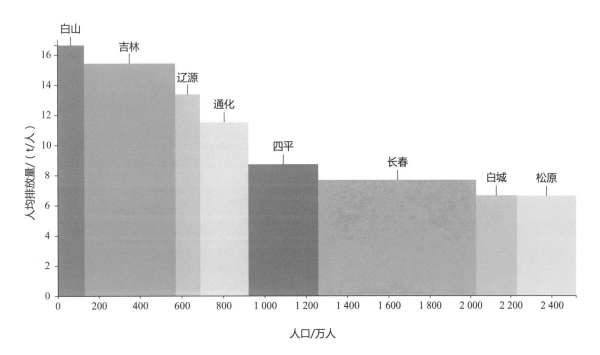

吉林城市人均二氧化碳排放图

吉林

城市名称	单位 GDP 二氧化碳排放量 /（t/ 万元）				地均排放 /（t/km²）	人均排放 /（t/ 人）	碳生产率 /（万元 /t）
	总 GDP	第一产业	第二产业	第三产业			
长春	1.32	0.11	1.17	0.16	2 856.59	7.67	0.76
吉林	2.80	0.08	2.51	0.21	2 511.48	15.44	0.36
四平	2.63	0.08	2.29	0.26	2 100.16	8.74	0.38
辽源	2.60	0.11	2.40	0.20	3 064.09	13.39	0.38
通化	3.04	0.10	2.77	0.22	1 717.17	11.53	0.33
白山	3.35	0.06	3.20	0.18	1 233.58	16.64	0.30
松原	1.19	0.11	0.86	0.06	903.44	6.62	0.84
白城	2.19	0.23	1.84	0.32	524.35	6.64	0.46

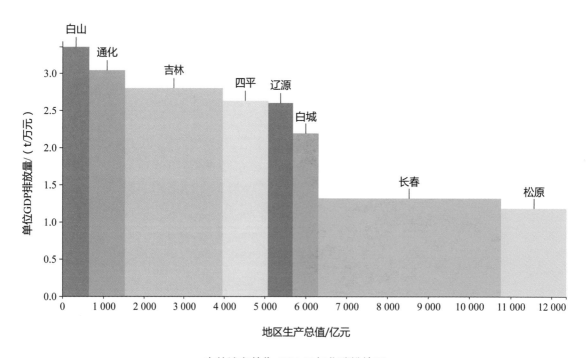

吉林城市单位 GDP 二氧化碳排放图

城市名称	二氧化碳排放量 / 万 t					
	工业能源	农业	服务业	城镇生活	农村生活	工业过程
哈尔滨	5 297.28	85.76	483.88	273.96	96.30	105.45
齐齐哈尔	2 895.00	105.75	203.31	144.61	55.11	74.53
鸡西	1 010.42	35.16	109.30	66.15	17.55	44.78
鹤岗	985.64	23.03	90.87	46.89	4.32	29.53
双鸭山	1 833.52	39.96	50.20	25.90	14.67	76.94
大庆	5 479.79	32.10	93.54	129.52	35.71	64.97
伊春	319.89	9.38	65.58	33.84	19.98	117.70
佳木斯	1 857.52	70.19	106.82	57.20	24.70	133.87
七台河	7 450.29	10.28	43.94	22.67	7.64	65.74
牡丹江	1 493.62	32.60	131.87	69.00	28.42	93.98
黑河	555.25	62.13	45.36	23.41	17.61	59.03
绥化	653.57	74.51	109.80	56.66	52.61	158.11

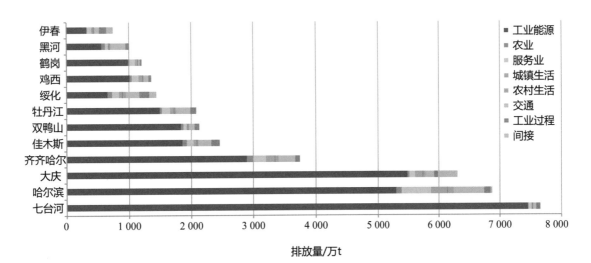

黑龙江城市二氧化碳排放结构图

黑龙江

城市名称	二氧化碳排放量 / 万 t					
	交通	工业	能源	直接	间接	总排放
哈尔滨	504.62	5 402.73	6 741.80	6 847.25	26.88	6 874.13
齐齐哈尔	264.35	2 969.53	3 668.13	3 742.66	0.00	3 742.66
鸡西	74.21	1 055.20	1 312.79	1 357.57	0.00	1 357.57
鹤岗	24.81	1 015.17	1 175.56	1 205.09	0.00	1 205.09
双鸭山	88.45	1 910.46	2 052.70	2 129.64	0.00	2 129.64
大庆	151.20	5 544.76	5 921.86	5 986.83	311.99	6 298.82
伊春	71.49	437.59	520.16	637.86	109.17	747.03
佳木斯	208.45	1 991.39	2 324.88	2 458.75	0.00	2 458.75
七台河	51.22	7 516.03	7 586.04	7 651.78	0.00	7 651.78
牡丹江	231.17	1 587.60	1 986.68	2 080.66	0.00	2 080.66
黑河	243.79	614.28	947.55	1 006.58	0.00	1 006.58
绥化	218.97	811.68	1 166.12	1 324.23	114.40	1 438.63

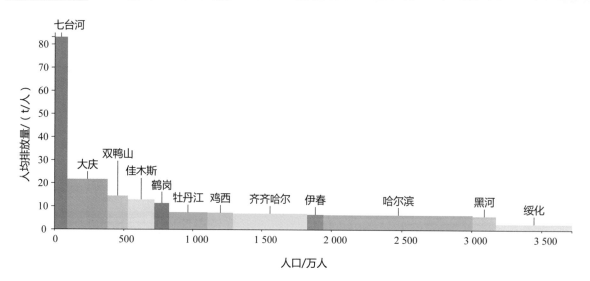

黑龙江城市人均二氧化碳排放图

城市名称	单位 GDP 二氧化碳排放量 /（t/ 万元）				地均排放 /（t/km²）	人均排放 /（t/ 人）	碳生产率 /（万元 /t）
	总 GDP	第一产业	第二产业	第三产业			
哈尔滨	1.51	0.17	1.19	0.20	1 294.08	6.46	0.66
齐齐哈尔	3.18	0.38	2.52	0.45	881.92	6.98	0.31
鸡西	2.33	0.21	1.81	0.62	603.37	7.30	0.43
鹤岗	3.36	0.22	2.83	1.05	820.83	11.36	0.30
双鸭山	3.76	0.22	3.38	0.38	916.16	14.54	0.27
大庆	1.58	0.21	1.39	0.15	2 928.15	21.70	0.63
伊春	2.90	0.10	1.68	0.86	230.51	6.58	0.34
佳木斯	3.68	0.35	2.98	0.37	752.77	12.93	0.27
七台河	25.61	0.33	25.14	0.48	12 303.72	83.15	0.04
牡丹江	2.12	0.14	1.62	0.34	540.38	7.42	0.47
黑河	2.74	0.33	1.68	0.37	147.02	5.99	0.36
绥化	1.35	0.18	0.76	0.33	411.21	2.65	0.74

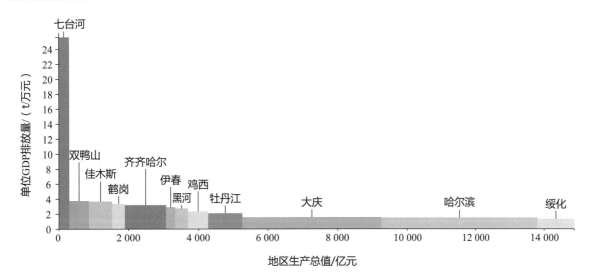

黑龙江城市单位 GDP 二氧化碳排放图

江苏

城市名称	二氧化碳排放量 / 万 t					
	工业能源	农业	服务业	城镇生活	农村生活	工业过程
南京	7 586.09	28.86	55.12	186.41	13.35	412.65
无锡	5 073.88	16.75	38.14	95.84	18.62	504.47
徐州	9 458.67	63.65	31.21	85.29	38.28	452.16
常州	2 489.05	21.45	25.97	125.79	10.49	1 088.07
苏州	12 785.46	27.72	43.36	184.99	30.49	71.87
南通	3 506.40	61.96	17.05	51.29	16.74	1.25
连云港	995.96	39.38	13.50	48.34	20.87	0.00
淮安	1 975.59	48.82	11.18	41.29	27.67	0.00
盐城	1 844.56	96.82	16.49	49.17	22.64	27.48
扬州	2 790.41	35.87	20.38	70.10	15.60	187.66
镇江	4 194.00	19.17	17.12	53.17	9.02	220.46
泰州	2 860.67	36.32	14.01	38.64	19.28	0.00
宿迁	515.10	42.74	9.08	27.86	30.96	0.00

江苏城市二氧化碳排放结构图

江苏

城市名称	二氧化碳排放量 / 万 t					
	交通	工业	能源	直接	间接	总排放
南京	396.88	7 998.74	8 266.71	8 679.36	0.00	8 679.36
无锡	332.83	5 578.35	5 576.06	6 080.53	995.27	7 075.80
徐州	390.64	9 910.83	10 067.74	10 519.90	0.00	10 519.90
常州	256.31	3 577.12	2 929.06	4 017.13	1 869.89	5 887.02
苏州	549.81	12 857.33	13 621.83	13 693.70	2 351.30	16 045.00
南通	299.17	3 507.65	3 952.61	3 953.86	0.00	3 953.86
连云港	256.65	995.96	1 374.70	1 374.70	0.00	1 374.70
淮安	239.53	1 975.59	2 344.08	2 344.08	230.10	2 574.18
盐城	326.86	1 872.04	2 356.54	2 384.02	951.83	3 335.85
扬州	186.31	2 978.07	3 118.67	3 306.33	0.00	3 306.33
镇江	147.75	4 414.46	4 440.23	4 660.69	0.00	4 660.69
泰州	200.56	2 860.67	3 169.48	3 169.48	557.64	3 727.12
宿迁	185.34	515.10	811.08	811.08	1 266.74	2 077.82

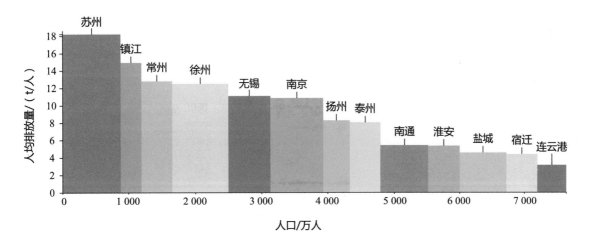

江苏城市人均二氧化碳排放图

江苏

城市名称	单位 GDP 二氧化碳排放量 /（t/ 万元）				地均排放 /（t/km²）	人均排放 /（t/ 人）	碳生产率 /（万元 /t）
	总 GDP	第一产业	第二产业	第三产业			
南京	1.21	0.17	1.11	0.02	13 192.09	10.86	0.83
无锡	0.93	0.13	0.74	0.01	15 286.98	11.10	1.07
徐州	2.62	0.16	2.47	0.02	9 356.87	12.52	0.38
常州	1.48	0.18	0.90	0.01	13 456.55	12.81	0.67
苏州	1.34	0.16	1.07	0.01	18 905.52	18.21	0.75
南通	0.87	0.19	0.77	0.01	4 934.92	5.42	1.15
连云港	0.86	0.16	0.62	0.02	1 811.69	3.14	1.16
淮安	1.34	0.19	1.03	0.01	2 554.62	5.36	0.75
盐城	1.07	0.21	0.60	0.01	1 959.70	4.58	0.94
扬州	1.13	0.18	1.02	0.02	5 006.72	8.28	0.89
镇江	1.77	0.18	1.68	0.01	12 103.49	14.95	0.56
泰州	1.38	0.19	1.06	0.01	6 430.70	8.06	0.73
宿迁	1.37	0.19	0.34	0.01	2 433.07	4.41	0.73

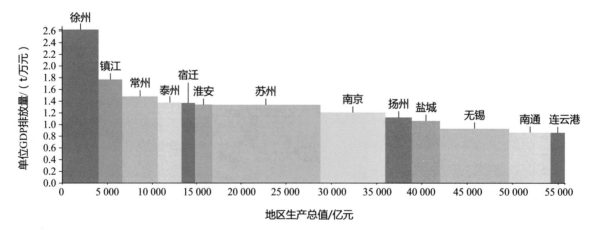

江苏城市单位 GDP 二氧化碳排放图

城市名称	二氧化碳排放量 / 万 t					
	工业能源	农业	服务业	城镇生活	农村生活	工业过程
杭州	3 236.21	50.72	136.55	151.06	97.10	855.32
宁波	7 783.32	48.13	122.25	116.82	115.43	56.57
温州	2 055.78	35.54	121.13	101.29	64.14	0.00
嘉兴	3 716.61	44.91	42.45	53.51	137.26	65.72
湖州	1 750.88	43.58	22.79	22.02	35.73	964.47
绍兴	2 761.42	40.04	49.62	58.33	116.31	206.59
金华	1 925.42	51.63	56.93	48.55	45.35	499.61
衢州	1 824.80	31.84	16.93	15.00	20.16	666.39
舟山	367.55	5.44	7.15	10.22	13.61	0.00
台州	2 617.48	40.63	49.87	41.21	39.67	0.00
丽水	351.84	26.69	12.35	10.21	7.75	0.00

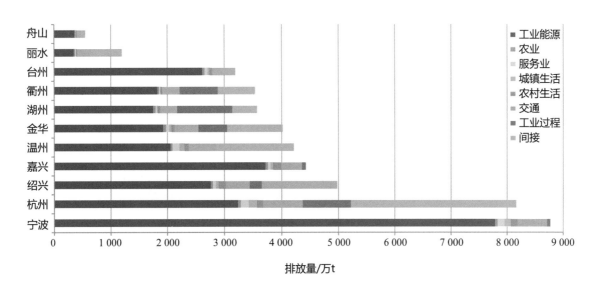

浙江城市二氧化碳排放结构图

浙江

城市名称	二氧化碳排放量 / 万 t					
	交通	工业	能源	直接	间接	总排放
杭州	695.64	4 091.53	4 367.28	5 222.60	2 939.87	8 162.47
宁波	529.27	7 839.89	8 715.22	8 771.79	0.00	8 771.79
温州	473.76	2 055.78	2 851.64	2 851.64	1 362.46	4 214.10
嘉兴	361.45	3 782.33	4 356.19	4 421.91	0.00	4 421.91
湖州	299.21	2 715.35	2 174.21	3 138.68	430.84	3 569.52
绍兴	418.45	2 968.01	3 444.17	3 650.76	1 326.83	4 977.59
金华	420.59	2 425.03	2 548.47	3 048.08	969.53	4 017.61
衢州	311.33	2 491.19	2 220.06	2 886.45	649.08	3 535.53
舟山	78.53	367.55	482.50	482.50	70.41	552.91
台州	406.23	2 617.48	3 195.09	3 195.09	0.00	3 195.09
丽水	257.76	351.84	666.60	666.60	533.46	1 200.06

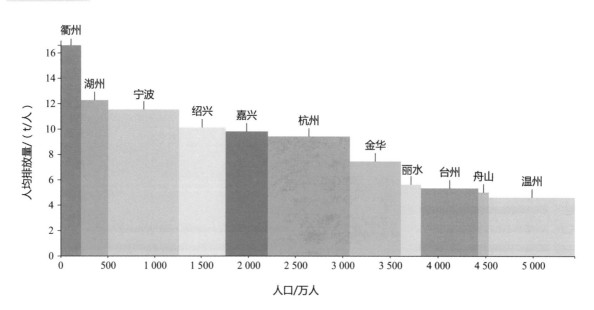

浙江城市人均二氧化碳排放图

30

浙江

城市名称	单位 GDP 二氧化碳排放量 /（t/ 万元）				地均排放 /（t/km²）	人均排放 /（t/ 人）	碳生产率 /（万元 /t）
	总 GDP	第一产业	第二产业	第三产业			
杭州	1.05	0.20	0.52	0.04	4 939.72	9.41	0.95
宁波	1.33	0.19	1.19	0.04	8 948.22	11.55	0.75
温州	1.15	0.27	0.56	0.07	3 560.83	4.64	0.87
嘉兴	1.53	0.35	1.31	0.04	11 286.08	9.82	0.65
湖州	2.13	0.38	1.63	0.03	6 104.71	12.28	0.47
绍兴	1.36	0.22	0.81	0.03	6 030.91	10.14	0.73
金华	1.47	0.39	0.89	0.04	3 653.01	7.46	0.68
衢州	3.63	0.38	2.56	0.04	3 984.89	16.60	0.28
舟山	0.66	0.07	0.43	0.02	3 874.82	5.03	1.51
台州	1.10	0.19	0.90	0.04	3 391.45	5.35	0.91
丽水	1.34	0.25	0.39	0.04	690.08	5.64	0.75

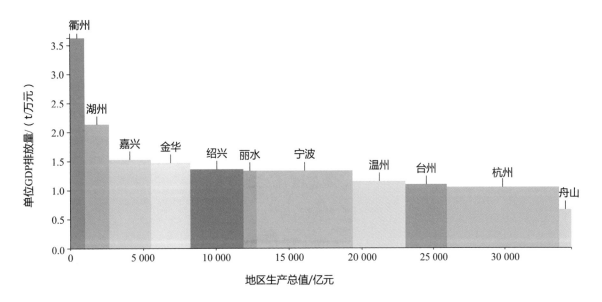

浙江城市单位 GDP 二氧化碳排放图

安徽

城市名称	二氧化碳排放量 / 万 t					
	工业能源	农业	服务业	城镇生活	农村生活	工业过程
合肥	2 990.21	35.90	91.51	82.99	27.49	1 418.28
芜湖	2 305.63	6.43	26.82	25.43	5.68	1 478.91
蚌埠	1 103.66	14.23	27.87	22.35	15.14	20.13
淮南	5 163.23	4.70	19.14	34.16	7.46	181.12
马鞍山	4 136.57	3.09	18.20	22.15	3.77	20.27
淮北	1 709.77	6.60	18.53	21.83	8.86	100.93
铜陵	2 275.55	1.49	14.76	15.02	1.67	972.63
安庆	1 226.58	20.21	25.44	17.88	14.69	854.56
黄山	76.38	3.90	9.55	6.28	2.56	0.00
滁州	544.54	28.68	18.45	14.73	15.38	391.33
阜阳	1 387.50	25.12	30.35	26.47	46.41	0.00
宿州	1 153.24	24.14	20.68	19.23	31.90	31.32
六安	1 148.42	28.33	16.25	12.45	22.62	120.01
亳州	253.56	21.41	22.80	19.10	26.28	0.00
池州	1 049.19	6.62	3.49	47.33	3.81	725.30
宣城	895.49	12.35	13.92	13.05	5.32	905.16

安徽

城市名称	二氧化碳排放量 / 万 t					
	交通	工业	能源	直接	间接	总排放
合肥	290.80	4 408.49	3 518.90	4 937.18	303.37	5 240.55
芜湖	75.52	3 784.54	2 445.51	3 924.42	0.00	3 924.42
蚌埠	91.12	1 123.79	1 274.37	1 294.50	0.00	1 294.50
淮南	39.66	5 344.35	5 268.35	5 449.47	0.00	5 449.47
马鞍山	34.04	4 156.84	4 217.82	4 238.09	0.00	4 238.09
淮北	38.63	1 810.70	1 804.22	1 905.15	0.00	1 905.15
铜陵	28.81	3 248.18	2 337.30	3 309.93	0.00	3 309.93
安庆	184.13	2 081.14	1 488.93	2 343.49	433.82	2 777.31
黄山	116.66	76.38	215.33	215.33	185.65	400.98
滁州	148.95	935.87	770.73	1 162.06	404.79	1 566.85
阜阳	144.86	1 387.50	1 660.71	1 660.71	431.60	2 092.31
宿州	138.29	1 184.56	1 387.48	1 418.80	0.00	1 418.80
六安	195.96	1 268.43	1 424.03	1 544.04	491.99	2 036.03
亳州	121.75	253.56	464.90	464.90	508.78	973.68
池州	102.99	1 774.49	1 213.43	1 938.73	29.68	1 968.41
宣城	83.93	1 800.65	1 024.06	1 929.22	117.33	2 046.55

安徽

城市名称	单位 GDP 二氧化碳排放量 /（t/ 万元）				地均排放 /（t/km²）	人均排放 /（t/ 人）	碳生产率 /（万元 /t）
	总 GDP	第一产业	第二产业	第三产业			
合肥	1.20	0.15	1.01	0.06	4 590.61	6.77	0.83
芜湖	2.09	0.06	2.02	0.05	6 548.07	17.31	0.48
蚌埠	1.46	0.09	1.26	0.09	2 177.41	4.10	0.69
淮南	6.98	0.08	6.84	0.09	21 107.79	23.37	0.14
马鞍山	3.43	0.05	3.37	0.05	10 461.05	30.94	0.29
淮北	3.08	0.13	2.92	0.13	6 970.17	9.04	0.32
铜陵	5.33	0.13	5.23	0.11	27 613.88	45.77	0.19
安庆	2.04	0.10	1.53	0.06	1 807.02	5.21	0.49
黄山	0.92	0.06	0.18	0.04	400.73	2.89	1.08
滁州	1.61	0.15	0.96	0.06	1 155.97	3.97	0.62
阜阳	2.17	0.10	1.44	0.09	2 139.45	2.75	0.46
宿州	1.57	0.10	1.29	0.07	1 466.11	2.68	0.64
六安	2.21	0.14	1.38	0.06	1 128.84	3.62	0.45
亳州	1.36	0.12	0.35	0.09	1 165.96	2.01	0.73
池州	4.71	0.10	4.25	0.02	2 374.73	14.01	0.21
宣城	2.69	0.10	2.38	0.04	1 636.15	8.04	0.37

安徽

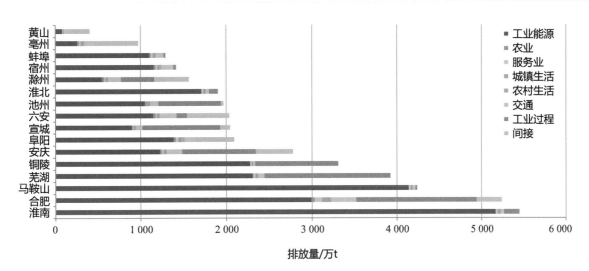

安徽城市二氧化碳排放结构图

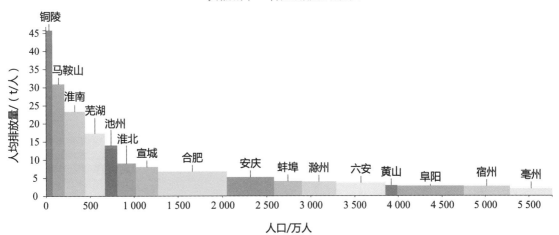

安徽城市人均二氧化碳排放图

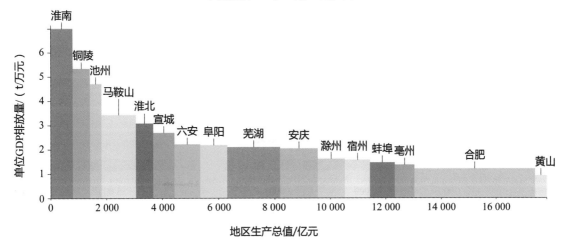

安徽城市单位 GDP 二氧化碳排放图

福建

城市名称	二氧化碳排放量 / 万 t					
	工业能源	农业	服务业	城镇生活	农村生活	工业过程
福州	1 770.87	30.45	108.91	56.78	43.57	0.00
厦门	1 314.17	7.06	57.07	35.04	23.05	0.00
莆田	716.40	17.74	21.46	9.47	50.44	0.00
三明	1 672.40	44.74	19.75	9.48	5.23	978.42
泉州	3 342.01	37.96	132.88	59.50	80.93	82.54
漳州	2 279.23	39.10	52.92	23.33	57.38	0.00
南平	583.06	73.59	20.68	9.13	7.88	117.73
龙岩	1 406.07	30.15	34.25	15.10	28.12	1 506.31
宁德	1 408.06	34.11	15.93	7.02	3.87	0.02

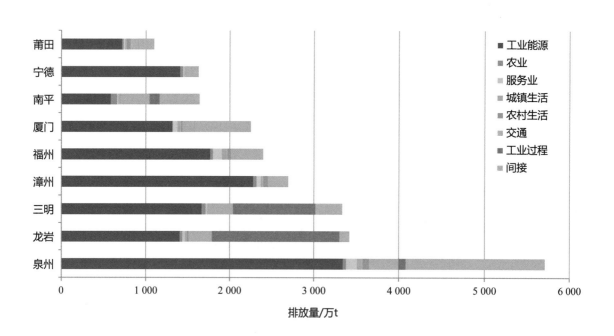

福建城市二氧化碳排放结构图

福建

城市名称	二氧化碳排放量 / 万 t					
	交通	工业	能源	直接	间接	总排放
福州	384.97	1 770.87	2 395.55	2 395.55	0.00	2 395.55
厦门	143.89	1 314.17	1 580.28	1 580.28	669.75	2 250.03
莆田	99.44	716.40	914.95	914.95	181.28	1 096.23
三明	287.71	2 650.82	2 039.31	3 017.73	315.24	3 332.97
泉州	343.99	3 424.55	3 997.27	4 079.81	1 630.33	5 710.14
漳州	240.32	2 279.23	2 692.28	2 692.28	0.00	2 692.28
南平	349.70	700.79	1 044.04	1 161.77	481.66	1 643.43
龙岩	279.62	2 912.38	1 793.31	3 299.62	119.41	3 419.03
宁德	160.36	1 408.08	1 629.35	1 629.37	0.00	1 629.37

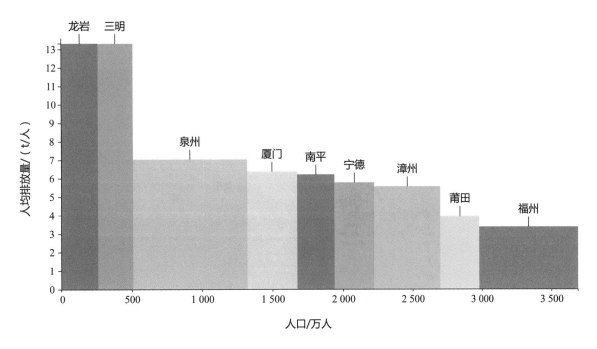

福建城市人均二氧化碳排放图

福建

城市名称	单位GDP 二氧化碳排放量 /（t/ 万元）				地均排放 /（t/km²）	人均排放 /（t/ 人）	碳生产率 /（万元/t）
	总GDP	第一产业	第二产业	第三产业			
福州	0.57	0.09	0.42	0.06	1 840.05	3.38	1.75
厦门	0.80	0.37	0.47	0.04	14 305.12	6.37	1.25
莆田	0.92	0.19	0.60	0.04	2 661.93	3.96	1.09
三明	2.50	0.19	1.99	0.05	1 442.53	13.31	0.40
泉州	1.22	0.27	0.73	0.08	5 196.99	7.04	0.82
漳州	1.33	0.14	1.13	0.07	2 076.77	5.56	0.75
南平	1.65	0.30	0.70	0.06	624.88	6.21	0.61
龙岩	2.51	0.16	2.15	0.08	1 791.07	13.32	0.40
宁德	1.52	0.16	1.31	0.05	1 211.57	5.78	0.66

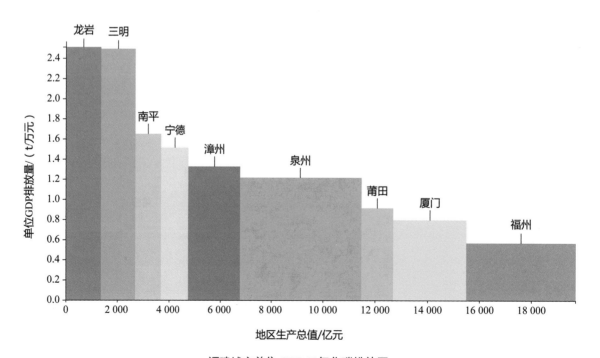

福建城市单位 GDP 二氧化碳排放图

城市名称	二氧化碳排放量 / 万 t					
	工业能源	农业	服务业	城镇生活	农村生活	工业过程
南昌	1 063.95	10.24	78.25	56.34	12.52	10.36
景德镇	1 275.58	3.42	15.98	11.49	9.90	106.77
萍乡	1 152.52	2.52	14.89	10.92	34.97	359.55
九江	1 363.19	14.74	11.08	7.99	33.06	624.70
新余	1 686.06	3.24	9.15	13.60	13.51	159.59
鹰潭	755.66	3.31	3.66	2.71	7.14	0.00
赣州	701.53	18.70	18.26	19.88	39.11	469.67
吉安	899.26	18.02	13.02	12.02	53.08	151.67
宜春	2 274.08	17.07	18.42	13.24	56.41	417.38
抚州	277.52	13.27	17.49	13.54	20.60	35.42
上饶	1 067.72	17.15	20.52	15.62	29.59	522.53

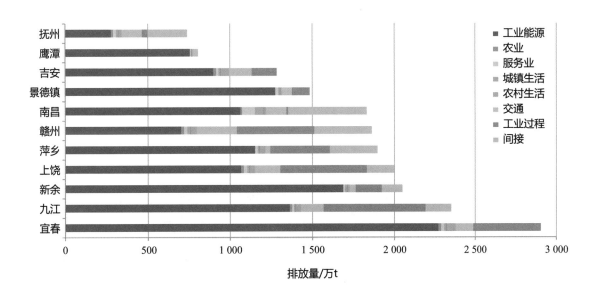

江西城市二氧化碳排放结构图

江西

城市名称	二氧化碳排放量 / 万 t					
	交通	工业	能源	直接	间接	总排放
南昌	123.21	1 074.31	1 344.51	1 354.87	474.14	1 829.01
景德镇	61.65	1 382.35	1 378.02	1 484.79	0.00	1 484.79
萍乡	30.62	1 512.07	1 246.44	1 605.99	289.48	1 895.47
九江	137.73	1 987.89	1 567.79	2 192.49	159.22	2 351.71
新余	36.77	1 845.65	1 762.33	1 921.92	126.70	2 048.62
鹰潭	33.78	755.66	806.26	806.26	0.00	806.26
赣州	244.48	1 171.20	1 041.96	1 511.63	348.42	1 860.05
吉安	138.44	1 050.93	1 133.84	1 285.51	0.00	1 285.51
宜春	108.47	2 691.46	2 487.69	2 905.07	0.00	2 905.07
抚州	122.21	312.94	464.63	500.05	238.94	738.99
上饶	156.30	1 590.25	1 306.90	1 829.43	168.34	1 997.77

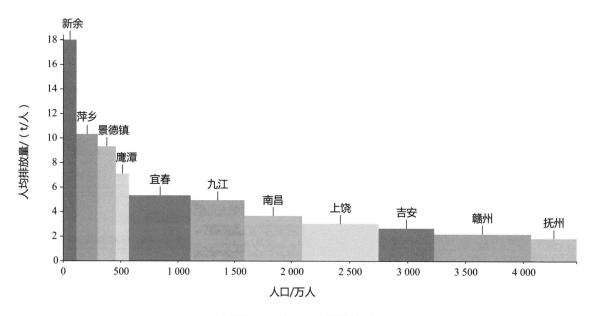

江西城市人均二氧化碳排放图

40

城市名称	单位 GDP 二氧化碳排放量 /（t/ 万元）				地均排放 /（t/km²）	人均排放 /（t/ 人）	碳生产率 /（万元 /t）
	总 GDP	第一产业	第二产业	第三产业			
南昌	0.62	0.08	0.36	0.07	2 496.02	3.66	1.62
景德镇	2.36	0.07	2.20	0.08	2 817.87	9.34	0.42
萍乡	2.62	0.04	2.06	0.06	5 007.83	10.35	0.38
九江	1.65	0.13	1.40	0.02	1 245.16	4.96	0.61
新余	2.47	0.07	2.22	0.03	6 459.37	18.02	0.40
鹰潭	1.66	0.08	1.57	0.03	2 251.26	7.12	0.60
赣州	1.23	0.06	0.78	0.03	469.87	2.21	0.82
吉安	1.28	0.10	1.04	0.04	507.02	2.67	0.78
宜春	2.32	0.09	2.16	0.05	1 551.15	5.34	0.43
抚州	0.88	0.08	0.38	0.07	387.26	1.86	1.13
上饶	1.58	0.09	1.26	0.05	875.41	3.03	0.63

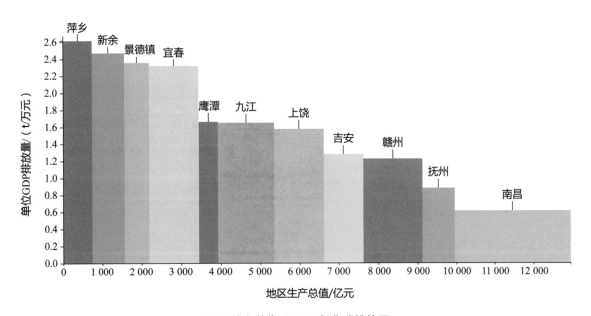

江西城市单位 GDP 二氧化碳排放图

山东

城市名称	二氧化碳排放量 / 万 t					
	工业能源	农业	服务业	城镇生活	农村生活	工业过程
济南	3 657.45	16.90	451.71	222.15	43.11	470.16
青岛	2 684.52	24.86	434.96	208.67	83.67	2.97
淄博	7 734.08	10.26	261.18	119.56	34.94	686.03
枣庄	3 609.84	9.77	118.65	55.34	42.78	1 117.44
东营	4 321.38	14.67	87.10	51.96	29.90	0.00
烟台	3 286.77	26.77	256.77	114.34	56.08	527.25
潍坊	4 667.08	36.74	298.00	122.99	105.73	456.42
济宁	7 820.39	25.86	232.56	96.73	83.31	523.65
泰安	2 562.29	17.29	146.40	68.04	66.06	216.96
威海	2 405.63	11.98	126.82	52.40	18.46	0.53
日照	3 113.75	12.18	94.73	36.61	21.85	331.94
莱芜	3 809.45	3.78	48.34	21.45	14.04	208.22
临沂	4 444.92	37.24	279.01	113.11	97.34	721.14
德州	3 459.36	28.44	166.01	91.36	59.31	77.05
聊城	3 058.56	22.99	120.03	53.70	78.76	28.75
滨州	3 917.40	21.29	70.36	31.25	43.30	8.48
菏泽	2 934.43	32.41	146.17	58.40	115.10	12.09

山东

城市名称	二氧化碳排放量 / 万 t					
	交通	工业	能源	直接	间接	总排放
济南	421.07	4 127.61	4 812.39	5 282.55	1 193.82	6 476.37
青岛	663.43	2 687.49	4 100.11	4 103.08	1 287.18	5 390.26
淄博	221.75	8 420.11	8 381.77	9 067.80	167.24	9 235.04
枣庄	137.56	4 727.28	3 973.94	5 091.38	0.00	5 091.38
东营	160.32	4 321.38	4 665.33	4 665.33	513.16	5 178.49
烟台	511.69	3 814.02	4 252.42	4 779.67	738.42	5 518.09
潍坊	435.49	5 123.50	5 666.03	6 122.45	1 592.83	7 715.28
济宁	310.86	8 344.04	8 569.71	9 093.36	0.00	9 093.36
泰安	210.02	2 779.25	3 070.10	3 287.06	0.00	3 287.06
威海	203.93	2 406.16	2 819.22	2 819.75	0.00	2 819.75
日照	137.19	3 445.69	3 416.31	3 748.25	363.42	4 111.67
莱芜	103.36	4 017.67	4 000.42	4 208.64	0.00	4 208.64
临沂	440.86	5 166.06	5 412.48	6 133.62	1 691.95	7 825.57
德州	318.58	3 536.41	4 123.06	4 200.11	53.45	4 253.56
聊城	300.12	3 087.31	3 634.16	3 662.91	39.30	3 702.21
滨州	226.73	3 925.88	4 310.33	4 318.81	0.00	4 318.81
菏泽	260.10	2 946.52	3 546.61	3 558.70	581.23	4 139.93

山东

城市名称	单位GDP 二氧化碳排放量／（t/万元）				地均排放／（t/km²）	人均排放／（t/人）	碳生产率／（万元/t）
	总GDP	第一产业	第二产业	第三产业			
济南	1.36	0.07	0.86	0.18	7 974.37	9.57	0.74
青岛	0.74	0.08	0.37	0.13	4 814.01	6.23	1.34
淄博	2.59	0.08	2.37	0.19	15 463.69	20.36	0.39
枣庄	2.99	0.07	2.78	0.20	11 161.23	13.66	0.33
东营	1.72	0.14	1.44	0.10	6 504.60	25.41	0.58
烟台	1.04	0.07	0.72	0.13	4 011.77	7.91	0.96
潍坊	1.92	0.09	1.28	0.19	4 760.02	8.46	0.52
济宁	2.86	0.07	2.62	0.22	7 974.25	11.27	0.35
泰安	1.30	0.07	1.09	0.15	4 249.85	6.00	0.77
威海	1.21	0.07	1.03	0.15	4 874.30	10.07	0.83
日照	3.03	0.10	2.55	0.17	7 663.59	14.63	0.33
莱芜	6.65	0.08	6.36	0.19	18 690.35	32.33	0.15
临沂	2.59	0.13	1.71	0.21	4 543.92	7.78	0.39
德州	1.91	0.12	1.59	0.22	4 118.50	7.66	0.52
聊城	1.73	0.09	1.44	0.18	4 265.98	6.41	0.58
滨州	2.17	0.11	1.98	0.08	4 483.76	11.48	0.46
菏泽	2.30	0.14	1.65	0.22	3 356.41	4.96	0.44

山东

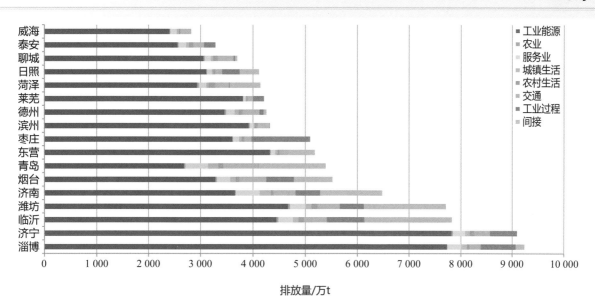

山东城市二氧化碳排放结构图

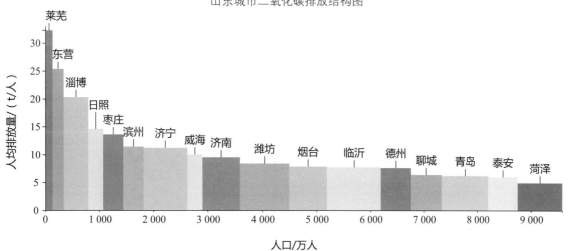

山东城市人均二氧化碳排放图

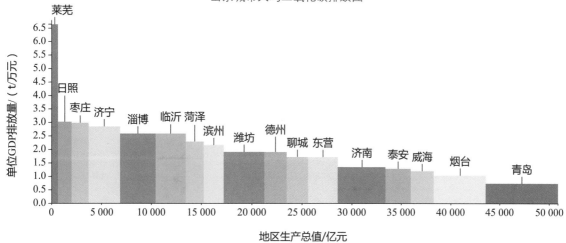

山东城市单位 GDP 二氧化碳排放图

河南

城市名称	二氧化碳排放量/万 t					
	工业能源	农业	服务业	城镇生活	农村生活	工业过程
郑州	6 564.35	19.09	55.83	147.12	92.30	753.85
开封	1 098.23	20.34	15.94	36.78	97.55	0.00
洛阳	5 751.67	27.33	32.38	53.14	93.49	295.61
平顶山	12 924.08	19.75	21.37	39.07	86.73	419.90
安阳	2 744.65	19.82	21.82	49.96	122.71	247.34
鹤壁	2 991.19	5.94	7.19	25.64	36.03	148.39
新乡	2 346.46	23.09	21.44	44.29	143.06	674.87
焦作	2 815.50	10.59	14.39	23.38	58.94	283.60
濮阳	647.12	13.20	7.25	32.68	81.80	0.00
许昌	2 252.50	15.67	14.46	34.17	92.37	237.27
漯河	784.23	8.55	6.81	13.52	63.48	0.00
三门峡	3 160.20	13.34	9.42	15.48	28.38	254.09
南阳	2 055.45	60.09	17.93	28.58	164.10	446.22
商丘	4 793.34	33.20	17.67	30.08	220.14	0.00
信阳	1 004.05	49.16	13.36	22.13	86.32	166.97
周口	412.71	38.36	17.63	42.48	287.83	0.00
驻马店	1 347.53	44.68	13.72	26.51	164.35	228.63

河南

城市名称	二氧化碳排放量 / 万 t					
	交通	工业	能源	直接	间接	总排放
郑州	261.40	7 318.20	7 140.09	7 893.94	0.00	7 893.94
开封	121.67	1 098.23	1 390.51	1 390.51	440.66	1 831.17
洛阳	171.42	6 047.28	6 129.43	6 425.04	0.00	6 425.04
平顶山	152.37	13 343.98	13 243.37	13 663.27	0.00	13 663.27
安阳	103.66	2 991.99	3 062.62	3 309.96	751.02	4 060.98
鹤壁	35.84	3 139.58	3 101.83	3 250.22	0.00	3 250.22
新乡	122.81	3 021.33	2 701.15	3 376.02	340.90	3 716.92
焦作	77.79	3 099.10	3 000.59	3 284.19	594.92	3 879.11
濮阳	63.67	647.12	845.72	845.72	294.10	1 139.82
许昌	117.33	2 489.77	2 526.50	2 763.77	0.00	2 763.77
漯河	56.20	784.23	932.79	932.79	52.13	984.92
三门峡	92.72	3 414.29	3 319.54	3 573.63	0.00	3 573.63
南阳	282.15	2 501.67	2 608.30	3 054.52	84.93	3 139.45
商丘	149.30	4 793.34	5 243.73	5 243.73	674.05	5 917.78
信阳	200.17	1 171.02	1 375.19	1 542.16	0.00	1 542.16
周口	178.61	412.71	977.62	977.62	453.84	1 431.46
驻马店	164.41	1 576.16	1 761.20	1 989.83	0.00	1 989.83

河南

城市名称	单位 GDP 二氧化碳排放量 /（t/ 万元）				地均排放 /（t/km²）	人均排放 /（t/ 人）	碳生产率 /（万元 /t）
	总 GDP	第一产业	第二产业	第三产业			
郑州	1.42	0.13	1.32	0.02	10 608.77	9.16	0.70
开封	1.53	0.08	0.91	0.04	2 862.29	4.73	0.65
洛阳	2.16	0.12	2.03	0.03	4 221.75	9.82	0.46
平顶山	9.14	0.14	8.92	0.05	17 289.02	27.86	0.11
安阳	2.59	0.11	1.91	0.04	5 519.36	7.84	0.39
鹤壁	5.97	0.10	5.75	0.08	14 934.03	20.77	0.17
新乡	2.30	0.11	1.87	0.04	4 522.73	6.54	0.43
焦作	2.51	0.09	2.00	0.04	9 576.60	11.01	0.40
濮阳	1.16	0.10	0.65	0.03	2 682.82	3.18	0.86
许昌	1.62	0.09	1.45	0.04	5 564.74	6.45	0.62
漯河	1.26	0.09	0.98	0.05	3 824.50	3.93	0.80
三门峡	3.16	0.14	3.03	0.03	3 399.07	15.97	0.32
南阳	1.34	0.14	1.07	0.03	1 178.86	3.04	0.75
商丘	4.22	0.11	3.43	0.04	5 503.84	8.00	0.24
信阳	1.08	0.13	0.84	0.03	799.26	2.47	0.93
周口	0.91	0.09	0.26	0.04	1 202.12	1.61	1.10
驻马店	1.43	0.13	1.15	0.03	1 299.44	2.71	0.70

河南

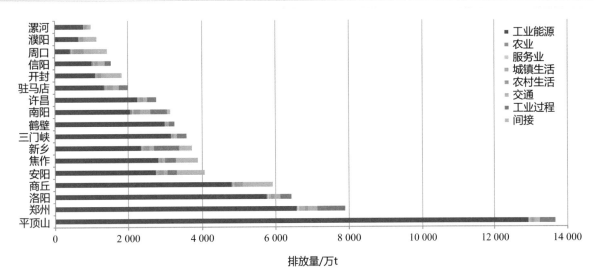

河南城市二氧化碳排放结构图

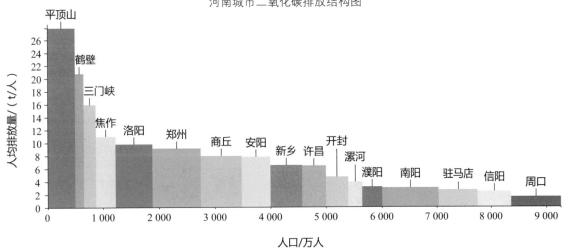

河南城市人均二氧化碳排放图

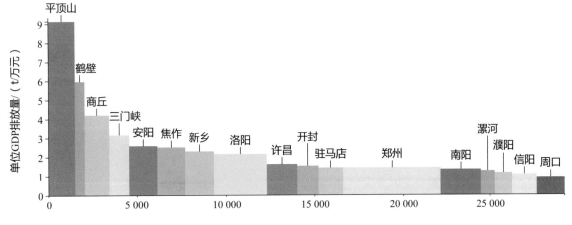

河南城市单位 GDP 二氧化碳排放图

湖北

城市名称	二氧化碳排放量 / 万 t					
	工业能源	农业	服务业	城镇生活	农村生活	工业过程
武汉	4 623.43	42.85	700.66	179.16	57.96	285.87
黄石	1 774.67	15.02	86.13	22.57	35.13	658.41
十堰	532.44	33.58	68.38	19.80	16.94	148.07
宜昌	2 488.93	35.95	119.46	36.59	37.17	372.98
襄阳	1 651.68	76.60	152.03	55.07	62.18	300.35
鄂州	1 716.68	7.21	36.10	11.74	27.41	0.36
荆门	1 311.87	58.65	50.35	18.90	36.58	573.71
孝感	1 258.35	53.00	74.56	23.68	99.60	32.14
荆州	503.14	84.25	223.76	62.18	107.91	40.25
黄冈	939.17	66.80	88.98	26.89	108.24	361.60
咸宁	555.99	25.25	62.74	16.87	22.97	165.77
随州	65.01	28.52	40.38	11.19	8.84	0.07

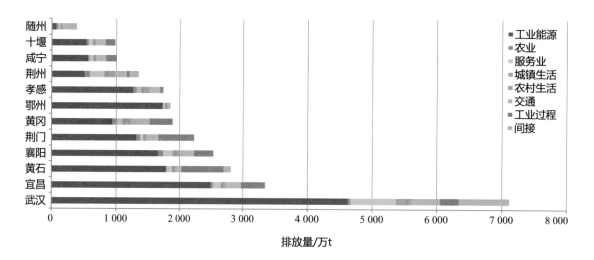

湖北城市二氧化碳排放结构图

湖北

城市名称	二氧化碳排放量 / 万 t					
	交通	工业	能源	直接	间接	总排放
武汉	453.76	4 909.30	6 057.82	6 343.69	773.25	7 116.94
黄石	98.67	2 433.08	2 032.19	2 690.60	119.41	2 810.01
十堰	160.99	680.51	832.13	980.20	0.00	980.20
宜昌	253.17	2 861.91	2 971.27	3 344.25	0.00	3 344.25
襄阳	233.27	1 952.03	2 230.83	2 531.18	0.00	2 531.18
鄂州	44.55	1 717.04	1 843.69	1 844.05	0.00	1 844.05
荆门	181.54	1 885.58	1 657.89	2 231.60	0.00	2 231.60
孝感	176.39	1 290.49	1 685.58	1 717.72	22.36	1 740.08
荆州	179.02	543.39	1 160.26	1 200.51	149.51	1 350.02
黄冈	291.37	1 300.77	1 521.45	1 883.05	0.00	1 883.05
咸宁	153.39	721.76	837.21	1 002.98	0.00	1 002.98
随州	149.89	65.08	303.83	303.90	80.85	384.75

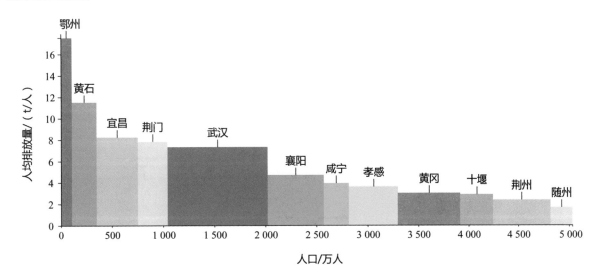

湖北城市人均二氧化碳排放图

湖北

城市名称	单位 GDP 二氧化碳排放量 /（t/ 万元）				地均排放 /（t/km²）	人均排放 /（t/ 人）	碳生产率 /（万元 /t）
	总 GDP	第一产业	第二产业	第三产业			
武汉	0.90	0.16	0.61	0.20	8 448.37	7.33	1.12
黄石	2.69	0.19	2.34	0.27	6 097.08	11.51	0.37
十堰	1.01	0.20	0.71	0.18	407.67	2.89	0.99
宜昌	1.34	0.10	1.14	0.18	1 589.34	8.25	0.75
襄阳	1.03	0.22	0.78	0.23	1 310.19	4.70	0.97
鄂州	3.28	0.12	3.06	0.24	11 531.55	17.53	0.30
荆门	2.08	0.34	1.74	0.15	1 818.81	7.85	0.48
孝感	1.57	0.26	1.17	0.20	1 951.36	3.61	0.64
荆州	1.13	0.31	0.45	0.59	961.12	2.38	0.88
黄冈	1.56	0.20	1.09	0.19	1 063.26	3.01	0.64
咸宁	1.27	0.17	0.95	0.19	964.84	3.94	0.78
随州	0.61	0.24	0.11	0.14	376.13	1.68	1.63

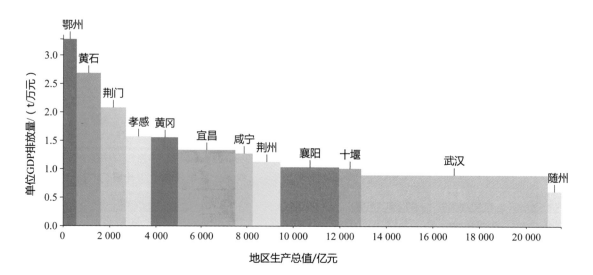

湖北城市单位 GDP 二氧化碳排放图

城市名称	二氧化碳排放量 / 万 t					
	工业能源	农业	服务业	城镇生活	农村生活	工业过程
长沙	610.58	41.33	281.84	159.01	87.56	341.50
株洲	1 199.11	33.33	52.86	70.21	88.20	195.97
湘潭	1 788.81	20.88	58.51	31.84	26.05	261.56
衡阳	977.48	66.73	100.09	72.12	86.48	141.46
邵阳	862.18	72.39	65.68	31.53	102.16	221.51
岳阳	1 884.12	60.78	89.76	43.94	60.51	135.50
常德	1 227.21	85.31	84.19	47.02	117.01	256.16
张家界	100.74	26.00	4.87	2.65	26.07	138.14
益阳	908.19	48.20	59.85	29.84	70.59	160.13
郴州	1 727.42	43.43	63.04	26.28	83.45	272.79
永州	360.08	72.51	33.00	13.53	67.94	273.21
怀化	528.83	53.17	31.51	24.60	46.03	148.52
娄底	2 648.81	34.15	45.62	18.72	68.77	584.90

湖南城市二氧化碳排放结构图

湖南

城市名称	二氧化碳排放量 / 万 t					
	交通	工业	能源	直接	间接	总排放
长沙	209.75	952.08	1 390.07	1 731.57	661.43	2 393.00
株洲	130.19	1 395.08	1 573.90	1 769.87	11.99	1 781.86
湘潭	97.34	2 050.37	2 023.43	2 284.99	224.71	2 509.70
衡阳	208.84	1 118.94	1 511.74	1 653.20	469.05	2 122.25
邵阳	159.28	1 083.69	1 293.22	1 514.73	219.09	1 733.82
岳阳	121.53	2 019.62	2 260.64	2 396.14	142.13	2 538.27
常德	166.22	1 483.37	1 726.96	1 983.12	0.00	1 983.12
张家界	63.69	238.88	224.02	362.16	0.00	362.16
益阳	67.98	1 068.32	1 184.65	1 344.78	0.00	1 344.78
郴州	121.23	2 000.21	2 064.85	2 337.64	0.00	2 337.64
永州	154.04	633.29	701.10	974.31	244.65	1 218.96
怀化	206.43	677.35	890.57	1 039.09	0.00	1 039.09
娄底	53.19	3 233.71	2 869.26	3 454.16	57.22	3 511.38

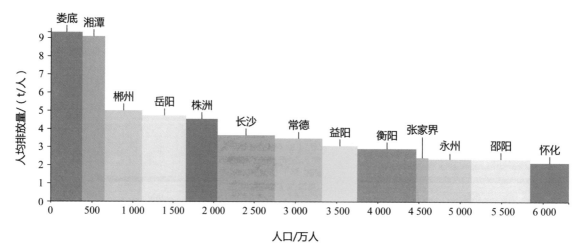

湖南城市人均二氧化碳排放图

城市名称	单位 GDP 二氧化碳排放量 /（t/ 万元）				地均排放 /（t/km²）	人均排放 /（t/ 人）	碳生产率 /（万元 /t）
	总 GDP	第一产业	第二产业	第三产业			
长沙	0.40	0.15	0.15	0.12	2 175.42	3.65	2.49
株洲	0.99	0.23	0.79	0.10	1 557.93	4.54	1.01
湘潭	1.95	0.19	1.60	0.15	4 996.37	9.09	0.51
衡阳	1.06	0.21	0.57	0.14	1 358.99	2.91	0.94
邵阳	1.62	0.30	1.05	0.17	798.34	2.35	0.62
岳阳	1.18	0.26	0.92	0.13	1 721.03	4.74	0.85
常德	0.97	0.30	0.73	0.11	1 048.71	3.47	1.03
张家界	1.06	0.52	0.70	0.02	376.40	2.42	0.95
益阳	1.29	0.25	1.05	0.16	1 072.18	3.07	0.77
郴州	1.51	0.25	1.32	0.12	1 187.36	5.01	0.66
永州	1.15	0.31	0.60	0.08	533.50	2.35	0.87
怀化	1.02	0.31	0.68	0.07	368.25	2.15	0.98
娄底	3.52	0.24	3.23	0.15	4 342.70	9.32	0.28

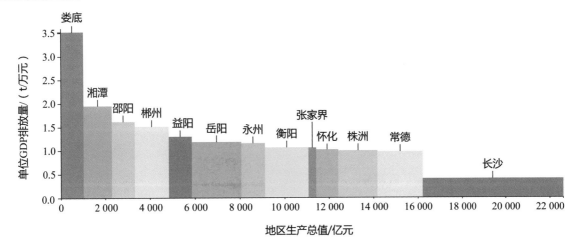

湖南城市单位 GDP 二氧化碳排放图

广东

城市名称	二氧化碳排放量 / 万 t					
	工业能源	农业	服务业	城镇生活	农村生活	工业过程
广州	6 804.47	14.98	3 276.29	299.52	87.51	233.76
韶关	2 018.87	23.33	8.11	17.14	13.49	95.51
深圳	939.25	0.87	115.66	287.42	2.04	0.00
珠海	1 675.08	2.39	14.47	41.57	4.98	0.00
汕头	1 990.19	5.18	34.06	72.83	122.17	0.00
佛山	4 452.32	6.38	49.88	120.20	106.04	46.11
江门	1 276.20	18.54	20.48	54.07	58.78	91.47
湛江	743.82	42.27	30.64	75.62	74.09	79.70
茂名	885.90	23.50	17.42	37.19	77.04	50.54
肇庆	1 057.18	17.01	9.99	23.20	25.65	470.14
惠州	2 584.99	18.42	17.25	36.44	46.58	381.89
梅州	2 095.75	18.76	9.35	19.72	25.69	528.83
汕尾	39.94	9.72	3.28	6.93	59.91	0.00
河源	670.25	15.81	4.16	8.79	9.91	45.66
阳江	725.72	16.58	9.34	26.39	21.72	66.39
清远	2 145.80	28.61	6.79	15.47	21.25	1 241.74
东莞	5 224.19	2.56	89.85	192.13	69.33	0.00
中山	809.49	3.83	27.99	59.16	21.43	0.00
潮州	1 751.35	6.67	9.57	20.23	78.85	0.00
揭阳	283.65	12.54	15.64	33.04	109.73	0.00
云浮	1 224.96	11.81	4.90	10.35	28.84	530.04

广东

城市名称	二氧化碳排放量 / 万 t					
	交通	工业	能源	直接	间接	总排放
广州	1 637.89	7 038.23	12 120.66	12 354.42	1 973.05	14 327.47
韶关	305.84	2 114.38	2 386.78	2 482.29	15.75	2 498.04
深圳	569.38	939.25	1 914.62	1 914.62	148.19	2 062.81
珠海	166.12	1 675.08	1 904.61	1 904.61	0.00	1 904.61
汕头	136.15	1 990.19	2 360.58	2 360.58	0.00	2 360.58
佛山	498.63	4 498.43	5 233.45	5 279.56	1 749.18	7 028.74
江门	338.47	1 367.67	1 766.54	1 858.01	0.00	1 858.01
湛江	451.43	823.52	1 417.87	1 497.57	0.00	1 497.57
茂名	186.02	936.44	1 227.07	1 277.61	341.22	1 618.83
肇庆	230.25	1 527.32	1 363.28	1 833.42	759.39	2 592.81
惠州	379.90	2 966.88	3 083.58	3 465.47	0.00	3 465.47
梅州	325.37	2 624.58	2 494.64	3 023.47	0.00	3 023.47
汕尾	110.12	39.94	229.90	229.90	0.00	229.90
河源	230.41	715.91	939.33	984.99	53.61	1 038.60
阳江	226.10	792.11	1 025.85	1 092.24	0.00	1 092.24
清远	313.20	3 387.54	2 531.12	3 772.86	595.95	4 368.81
东莞	385.61	5 224.19	5 963.67	5 963.67	1 824.61	7 788.28
中山	168.98	809.49	1 090.88	1 090.88	750.95	1 841.83
潮州	75.08	1 751.35	1 941.75	1 941.75	0.00	1 941.75
揭阳	251.21	283.65	705.81	705.81	433.13	1 138.94
云浮	142.35	1 755.00	1 423.21	1 953.25	0.00	1 953.25

广东

城市名称	单位GDP二氧化碳排放量/（t/万元）				地均排放/（t/km²）	人均排放/（t/人）	碳生产率/（万元/t）
	总GDP	第一产业	第二产业	第三产业			
广州	1.06	0.08	0.52	0.38	19 290.77	11.29	0.94
韶关	2.75	0.18	2.33	0.02	1 352.44	8.84	0.36
深圳	0.16	0.20	0.07	0.02	10 379.55	2.00	6.25
珠海	1.27	0.06	1.11	0.02	11 072.10	12.22	0.79
汕头	1.67	0.07	1.40	0.06	11 563.22	4.43	0.60
佛山	1.06	0.05	0.68	0.02	18 517.65	9.77	0.94
江门	0.99	0.13	0.73	0.03	1 958.42	4.18	1.01
湛江	0.81	0.12	0.44	0.04	1 130.97	2.21	1.23
茂名	0.82	0.07	0.48	0.02	1 395.82	2.74	1.21
肇庆	1.77	0.07	1.04	0.02	1 737.02	6.60	0.57
惠州	1.46	0.15	1.25	0.02	3 050.77	7.53	0.68
梅州	4.04	0.11	3.52	0.03	1 896.63	7.10	0.25
汕尾	0.38	0.10	0.07	0.01	444.74	0.80	2.60
河源	1.67	0.17	1.16	0.02	658.37	3.49	0.60
阳江	1.23	0.10	0.89	0.03	1 366.24	4.49	0.82
清远	4.26	0.18	3.30	0.02	2 292.77	11.80	0.23
东莞	1.56	0.18	1.04	0.03	31 686.53	9.48	0.64
中山	0.76	0.07	0.33	0.03	10 335.81	5.91	1.32
潮州	2.75	0.14	2.48	0.04	6 167.65	7.27	0.36
揭阳	0.81	0.09	0.20	0.04	2 150.02	1.92	1.23
云浮	3.67	0.09	3.31	0.03	2 500.22	8.22	0.27

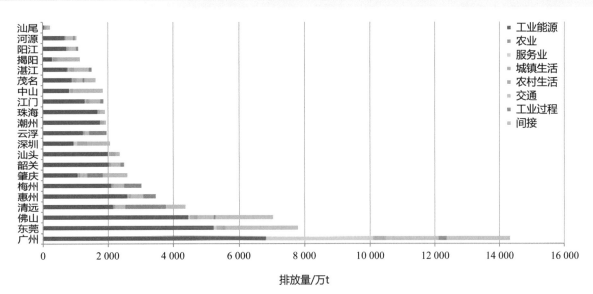

广东城市二氧化碳排放结构图

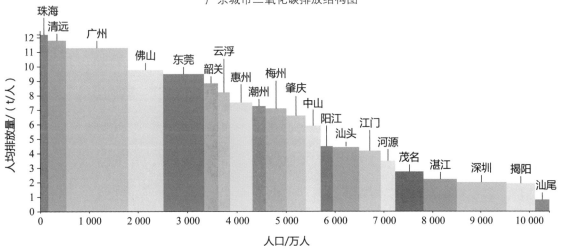

广东城市人均二氧化碳排放图

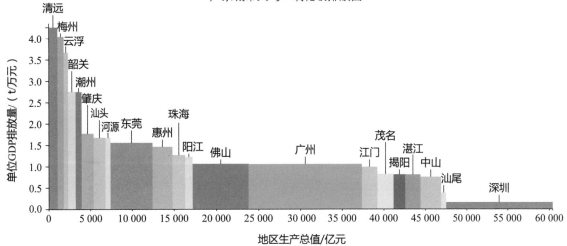

广东城市单位 GDP 二氧化碳排放图

广西

城市名称	二氧化碳排放量 / 万 t					
	工业能源	农业	服务业	城镇生活	农村生活	工业过程
南宁	1 095.72	13.48	122.79	119.49	27.07	495.06
柳州	2 516.57	6.53	86.55	77.78	6.50	285.84
桂林	733.04	9.98	49.89	47.25	15.28	301.37
梧州	178.31	3.00	14.89	14.15	8.13	17.78
北海	203.31	3.02	20.41	21.40	8.43	4.48
防城港	893.16	1.60	6.12	5.41	3.51	162.45
钦州	1 295.70	6.14	12.76	11.18	11.99	10.78
贵港	1 595.09	7.58	19.21	16.82	27.16	1 161.69
玉林	487.12	6.03	35.14	31.64	25.80	513.77
百色	1 785.40	10.61	13.02	13.08	4.86	254.31
贺州	456.44	3.73	7.74	6.78	9.23	110.32
河池	274.76	7.01	9.13	8.00	2.88	98.84
来宾	1 418.30	7.89	9.55	8.37	9.35	113.40
崇左	267.45	8.64	9.76	8.55	7.59	273.71

广西

城市名称	二氧化碳排放量 / 万 t					
	交通	工业	能源	直接	间接	总排放
南宁	282.94	1 590.78	1 661.49	2 156.55	0.00	2 156.55
柳州	156.91	2 802.41	2 850.84	3 136.68	365.02	3 501.70
桂林	203.30	1 034.41	1 058.74	1 360.11	198.86	1 558.97
梧州	131.88	196.09	350.36	368.14	140.25	508.39
北海	63.89	207.79	320.46	324.94	44.32	369.26
防城港	23.05	1 055.61	932.85	1 095.30	0.00	1 095.30
钦州	76.29	1 306.48	1 414.06	1 424.84	78.92	1 503.76
贵港	60.05	2 756.78	1 725.91	2 887.60	0.00	2 887.60
玉林	101.93	1 000.89	687.66	1 201.43	490.22	1 691.65
百色	194.04	2 039.71	2 021.01	2 275.32	0.00	2 275.32
贺州	96.08	566.76	580.00	690.32	84.46	774.78
河池	171.38	373.60	473.16	572.00	0.00	572.00
来宾	66.21	1 531.70	1 519.67	1 633.07	0.00	1 633.07
崇左	94.76	541.16	396.75	670.46	203.34	873.80

广西

城市名称	单位 GDP 二氧化碳排放量 /（t/ 万元）				地均排放 /（t/km²）	人均排放 /（t/ 人）	碳生产率 /（万元 /t）
	总 GDP	第一产业	第二产业	第三产业			
南宁	0.87	0.04	0.64	0.10	974.19	3.25	1.16
柳州	1.93	0.04	1.54	0.18	1 890.62	9.35	0.52
桂林	1.04	0.04	0.70	0.09	554.89	3.25	0.96
梧州	0.61	0.02	0.24	0.08	404.67	1.77	1.63
北海	0.58	0.03	0.33	0.09	1 101.50	2.39	1.71
防城港	2.46	0.03	2.38	0.03	1 755.48	12.60	0.41
钦州	2.17	0.04	1.89	0.05	1 382.17	4.87	0.46
贵港	4.26	0.06	4.06	0.07	2 730.06	7.03	0.23
玉林	1.53	0.02	0.91	0.09	1 316.50	3.08	0.65
百色	3.01	0.07	2.70	0.07	628.71	6.57	0.33
贺州	1.95	0.04	1.44	0.05	648.47	4.92	0.51
河池	1.16	0.05	0.76	0.05	173.17	1.69	0.86
来宾	3.18	0.07	2.98	0.07	1 220.37	7.79	0.31
崇左	1.65	0.06	1.02	0.06	502.01	4.38	0.61

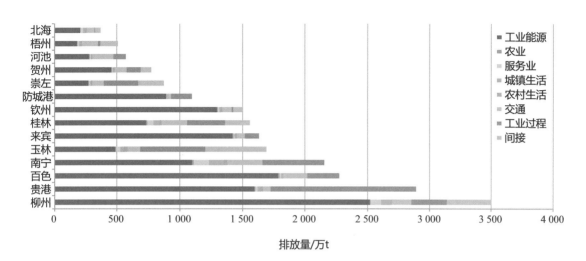

广西城市二氧化碳排放结构图

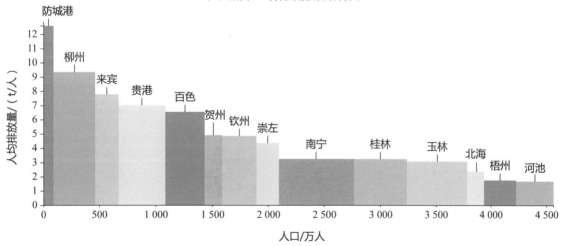

广西城市人均二氧化碳排放图

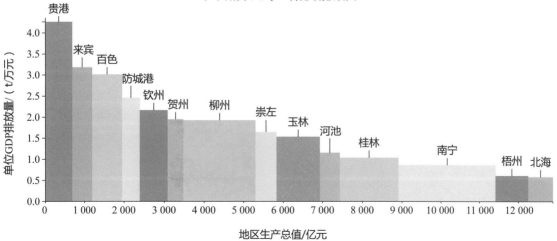

广西城市单位 GDP 二氧化碳排放图

四川

城市名称	二氧化碳排放量 / 万 t					
	工业能源	农业	服务业	城镇生活	农村生活	工业过程
成都	1 964.60	17.15	443.91	477.62	367.55	503.18
自贡	351.38	8.76	40.65	32.13	40.17	78.41
攀枝花	4 660.64	3.76	33.74	10.41	3.27	91.06
泸州	1 257.21	19.09	12.54	31.84	14.15	95.24
德阳	461.54	11.24	56.11	38.47	78.70	252.52
绵阳	1 007.67	24.16	70.24	149.04	52.73	376.24
广元	334.00	19.41	18.76	26.86	31.24	338.63
遂宁	68.91	12.20	27.81	34.81	45.52	0.00
内江	2 464.66	12.53	33.38	26.95	51.39	270.53
乐山	1 579.05	15.54	32.39	26.24	27.37	719.37
南充	272.29	27.84	58.49	57.05	56.07	0.00
眉山	510.39	12.69	16.73	32.34	54.19	58.01
宜宾	2 663.90	21.73	36.41	40.73	20.46	345.90
广安	1 442.27	13.23	17.87	88.39	37.19	274.36
达州	3 267.31	23.43	30.42	56.22	49.77	265.44
雅安	160.43	5.93	6.40	8.68	3.12	179.90
巴中	82.48	16.13	8.24	19.42	8.66	89.00
资阳	280.77	19.64	14.61	17.26	37.99	30.58

城市名称	二氧化碳排放量 / 万 t					
	交通	工业	能源	直接	间接	总排放
成都	457.43	2 467.78	3 728.26	4 231.44	1 491.71	5 723.15
自贡	35.85	429.79	508.94	587.35	266.71	854.06
攀枝花	131.68	4 751.70	4 843.50	4 934.56	0.00	4 934.56
泸州	155.37	1 352.45	1 490.20	1 585.44	97.50	1 682.94
德阳	102.07	714.06	748.13	1 000.65	511.36	1 512.01
绵阳	191.27	1 383.91	1 495.11	1 871.35	0.00	1 871.35
广元	225.36	672.63	655.63	994.26	106.55	1 100.81
遂宁	118.83	68.91	308.08	308.08	168.98	477.06
内江	110.59	2 735.19	2 699.50	2 970.03	26.09	2 996.12
乐山	85.34	2 298.42	1 765.93	2 485.30	164.67	2 649.97
南充	203.93	272.29	675.67	675.67	220.28	895.95
眉山	81.55	568.40	707.89	765.90	291.98	1 057.88
宜宾	134.40	3 009.80	2 917.63	3 263.53	0.00	3 263.53
广安	104.99	1 716.63	1 703.94	1 978.30	0.00	1 978.30
达州	144.23	3 532.75	3 571.38	3 836.82	118.60	3 955.42
雅安	128.90	340.33	313.46	493.36	0.00	493.36
巴中	36.66	171.48	171.59	260.59	163.53	424.12
资阳	85.40	311.35	455.67	486.25	216.01	702.26

四川

城市名称	单位 GDP 二氧化碳排放量 /（t/ 万元）				地均排放 /（t/km²）	人均排放 /（t/ 人）	碳生产率 /（万元 /t）
	总 GDP	第一产业	第二产业	第三产业			
成都	0.71	0.06	0.30	0.11	4 748.91	4.10	1.41
自贡	0.97	0.08	0.49	0.17	1 958.54	3.20	1.03
攀枝花	6.67	0.12	6.42	0.23	6 666.24	40.64	0.15
泸州	1.67	0.13	1.31	0.12	1 407.51	4.08	0.60
德阳	1.18	0.06	0.56	0.16	2 548.80	4.17	0.85
绵阳	1.42	0.11	1.03	0.19	944.43	4.14	0.70
广元	2.32	0.20	1.44	0.10	666.72	4.38	0.43
遂宁	0.72	0.09	0.10	0.16	919.48	1.50	1.39
内江	3.06	0.08	2.80	0.15	5 558.38	8.08	0.33
乐山	2.56	0.13	2.21	0.11	2 086.87	8.21	0.39
南充	0.75	0.11	0.23	0.17	708.29	1.41	1.34
眉山	1.34	0.10	0.73	0.07	1 453.95	3.52	0.75
宜宾	2.63	0.12	2.42	0.13	2 464.54	7.31	0.38
广安	2.60	0.10	2.28	0.05	3 090.17	6.11	0.38
达州	3.46	0.09	3.11	0.11	2 367.06	7.18	0.29
雅安	1.25	0.09	0.85	0.08	329.92	3.29	0.80
巴中	1.09	0.17	0.44	0.06	345.68	1.29	0.92
资阳	0.71	0.10	0.32	0.08	873.59	1.90	1.42

四川

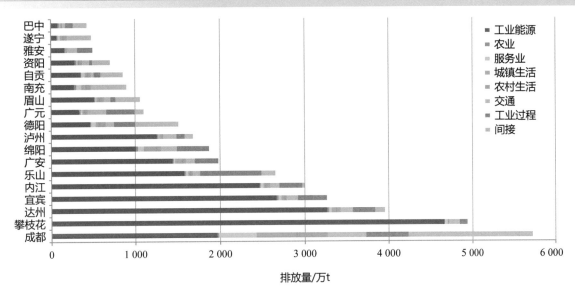

四川城市二氧化碳排放结构图

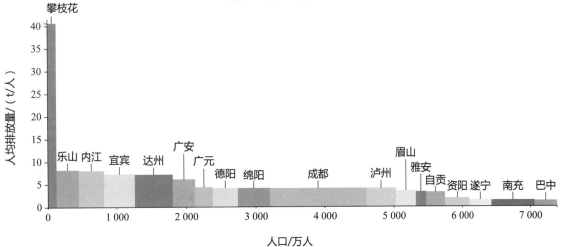

四川城市人均二氧化碳排放图

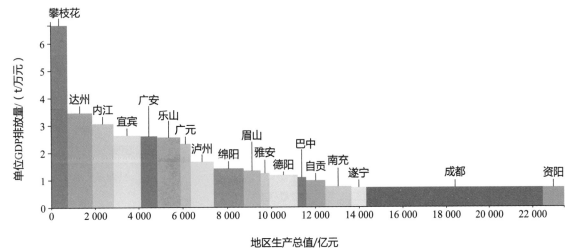

四川城市单位 GDP 二氧化碳排放图

贵州

城市名称	二氧化碳排放量 / 万 t					
	工业能源	农业	服务业	城镇生活	农村生活	工业过程
贵阳	1 757.50	8.72	832.34	95.24	513.85	316.84
六盘水	4 347.30	11.23	215.15	19.41	232.99	142.85
遵义	1 133.78	36.50	304.44	27.46	133.77	318.84
安顺	1 044.80	10.64	120.69	11.25	130.62	202.38
毕节	4 559.78	37.14	96.32	8.69	59.03	246.10
铜仁	699.57	20.68	36.17	3.26	60.09	226.94

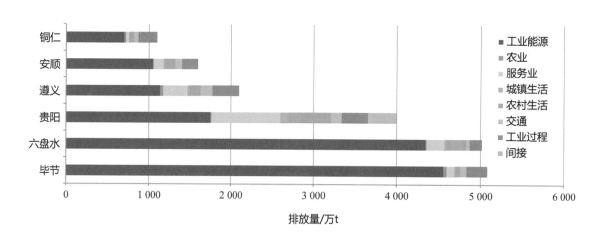

贵州城市二氧化碳排放结构图

城市名称	二氧化碳排放量 / 万 t					
	交通	工业	能源	直接	间接	总排放
贵阳	131.09	2 074.34	3 338.74	3 655.58	340.38	3 995.96
六盘水	45.70	4 490.15	4 871.78	5 014.63	0.00	5 014.63
遵义	144.48	1 452.62	1 780.43	2 099.27	0.00	2 099.27
安顺	83.15	1 247.18	1 401.15	1 603.53	0.00	1 603.53
毕节	73.55	4 805.88	4 834.51	5 080.61	0.00	5 080.61
铜仁	51.34	926.51	871.11	1 098.05	0.00	1 098.05

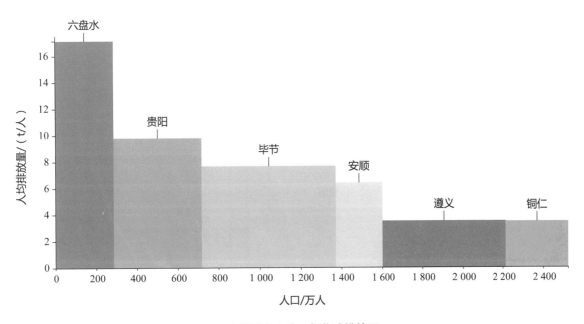

贵州城市人均二氧化碳排放图

69

贵州

城市名称	单位 GDP 二氧化碳排放量 /（t/ 万元）				地均排放 /（t/km²）	人均排放 /（t/ 人）	碳生产率 /（万元 /t）
	总 GDP	第一产业	第二产业	第三产业			
贵阳	2.48	0.12	1.21	0.98	5 288.90	9.83	0.40
六盘水	6.49	0.26	5.96	0.76	4 930.57	17.14	0.15
遵义	1.59	0.22	1.07	0.59	705.21	3.54	0.63
安顺	4.01	0.19	3.39	0.47	1 589.15	6.41	0.25
毕节	10.51	0.52	10.07	0.34	2 985.49	7.67	0.10
铜仁	1.22	0.13	1.05	0.16	400.61	3.48	0.82

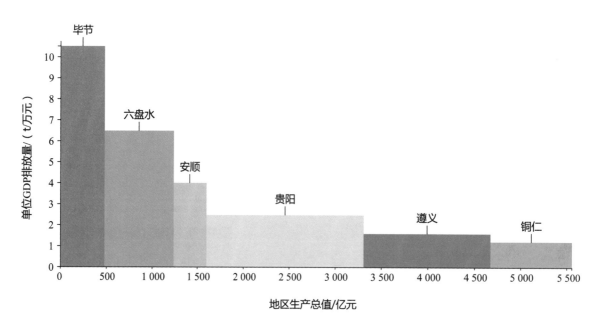

贵州城市单位 GDP 二氧化碳排放图

城市名称	二氧化碳排放量 / 万 t					
	工业能源	农业	服务业	城镇生活	农村生活	工业过程
昆明	3 831.15	21.27	181.95	70.88	140.63	611.36
曲靖	6 166.70	34.32	29.73	12.20	132.09	451.54
玉溪	538.21	15.36	20.69	8.06	61.30	301.60
保山	145.06	16.31	19.79	8.23	79.84	105.21
昭通	809.49	33.22	9.86	4.85	11.62	186.92
丽江	438.95	12.98	5.80	2.29	34.22	159.38
普洱	166.94	38.13	25.47	9.92	6.78	112.45
临沧	181.12	28.65	13.38	5.22	16.56	70.21

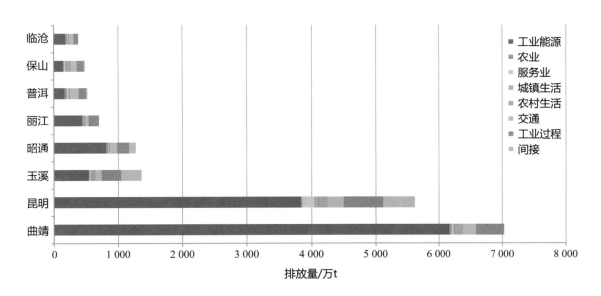

云南城市二氧化碳排放结构图

云南

城市名称	二氧化碳排放量 / 万 t					
	交通	工业	能源	直接	间接	总排放
昆明	255.80	4 442.51	4 501.68	5 113.04	501.95	5 614.99
曲靖	202.85	6 618.24	6 577.89	7 029.43	0.00	7 029.43
玉溪	96.27	839.81	739.89	1 041.49	320.47	1 361.96
保山	90.79	250.27	360.02	465.23	19.64	484.87
昭通	111.76	996.41	980.80	1 167.72	105.58	1 273.30
丽江	44.84	598.33	539.08	698.46	0.00	698.46
普洱	141.82	279.39	389.06	501.51	19.65	521.16
临沧	67.05	251.33	311.98	382.19	0.00	382.19

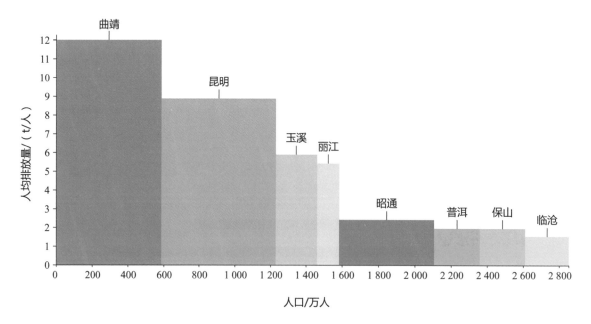

云南城市人均二氧化碳排放图

城市名称	单位 GDP 二氧化碳排放量 /（t/ 万元）				地均排放 /（t/km²）	人均排放 /（t/ 人）	碳生产率 /（万元 /t）
	总 GDP	第一产业	第二产业	第三产业			
昆明	1.90	0.14	1.48	0.16	2 722.41	8.89	0.53
曲靖	5.02	0.13	4.73	0.05	2 433.78	12.01	0.20
玉溪	1.36	0.16	0.84	0.06	889.94	5.91	0.74
保山	1.25	0.13	0.64	0.12	249.06	1.95	0.80
昭通	2.27	0.30	1.79	0.03	557.18	2.42	0.44
丽江	3.19	0.35	2.82	0.07	318.87	5.44	0.31
普洱	1.35	0.33	0.76	0.09	109.39	1.95	0.74
临沧	1.06	0.26	0.71	0.11	152.96	1.54	0.94

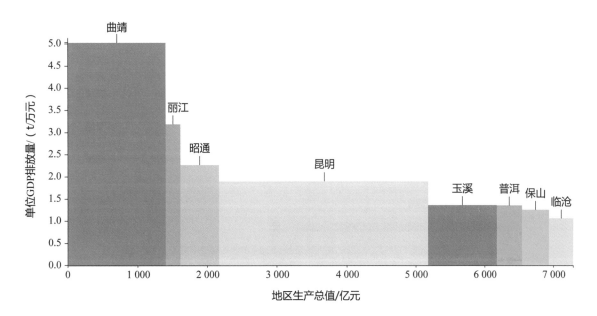

云南城市单位 GDP 二氧化碳排放图

陕西

城市名称	二氧化碳排放量／万 t					
	工业能源	农业	服务业	城镇生活	农村生活	工业过程
西安	1 422.64	7.09	456.29	321.05	195.55	85.28
铜川	923.76	2.79	23.68	14.95	7.75	546.54
宝鸡	1 815.80	9.67	65.72	32.23	81.27	447.53
咸阳	2 424.26	11.65	123.90	65.14	126.09	422.59
渭南	6 262.71	15.66	52.84	45.87	142.22	244.85
延安	977.97	20.52	11.03	19.34	10.97	0.00
汉中	675.11	13.66	28.16	11.36	41.32	171.65
榆林	10 329.85	30.99	20.93	42.89	19.99	21.67
安康	201.09	11.48	13.05	4.89	7.94	146.58
商洛	186.68	8.42	8.60	3.95	19.34	97.65

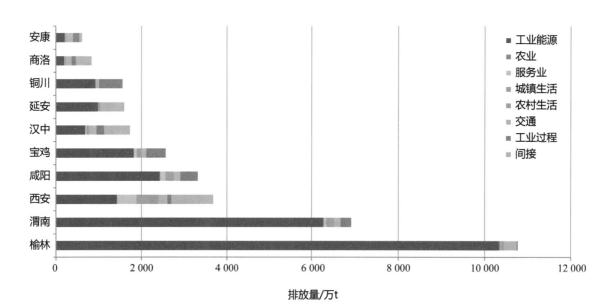

陕西城市二氧化碳排放结构图

陕西

城市名称	二氧化碳排放量 / 万 t					
	交通	工业	能源	直接	间接	总排放
西安	205.14	1 507.92	2 607.76	2 693.04	991.94	3 684.98
铜川	40.43	1 470.30	1 013.36	1 559.90	0.00	1 559.90
宝鸡	112.79	2 263.33	2 117.48	2 565.01	0.00	2 565.01
咸阳	156.97	2 846.85	2 908.01	3 330.60	0.00	3 330.60
渭南	157.02	6 507.56	6 676.32	6 921.17	0.00	6 921.17
延安	170.90	977.97	1 210.73	1 210.73	389.54	1 600.27
汉中	182.94	846.76	952.55	1 124.20	608.04	1 732.24
榆林	304.00	10 351.52	10 748.65	10 770.32	0.00	10 770.32
安康	162.17	347.67	400.62	547.20	64.21	611.41
商洛	141.46	284.33	368.45	466.10	370.07	836.17

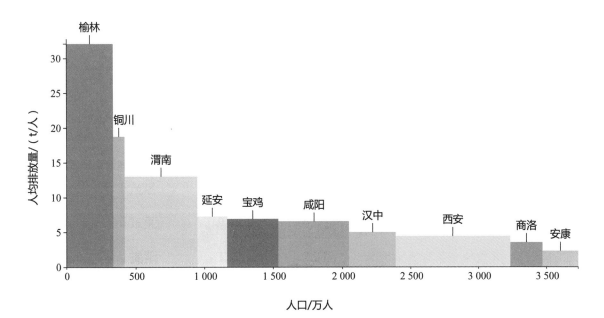

陕西城市人均二氧化碳排放图

陕西

城市名称	单位 GDP 二氧化碳排放量 /（t/ 万元）				地均排放 /（t/km²）	人均排放 /（t/ 人）	碳生产率 /（万元 /t）
	总 GDP	第一产业	第二产业	第三产业			
西安	0.86	0.04	0.35	0.21	3 712.15	4.43	1.16
铜川	5.73	0.15	5.38	0.37	4 036.74	18.78	0.17
宝鸡	1.87	0.07	1.65	0.17	1 417.01	6.91	0.54
咸阳	2.12	0.05	1.81	0.30	3 279.10	6.56	0.47
渭南	5.97	0.10	5.64	0.14	5 246.48	13.04	0.17
延安	1.25	0.19	0.77	0.04	429.29	7.27	0.80
汉中	2.26	0.08	1.12	0.07	625.88	4.99	0.44
榆林	4.03	0.26	3.88	0.03	2 469.17	32.11	0.25
安康	1.22	0.12	0.70	0.08	258.20	2.31	0.82
商洛	1.96	0.08	0.67	0.06	430.09	3.54	0.51

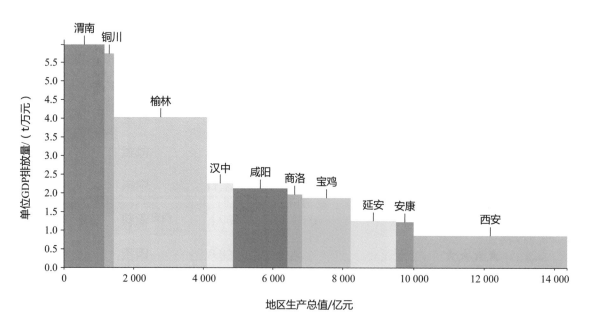

陕西城市单位 GDP 二氧化碳排放图

城市名称	二氧化碳排放量 / 万 t					
	工业能源	农业	服务业	城镇生活	农村生活	工业过程
兰州	2 964.31	9.00	65.68	106.97	81.31	308.84
嘉峪关	1 611.24	0.22	4.49	6.43	0.83	48.27
金昌	1 672.59	2.99	4.91	3.27	11.71	78.05
白银	1 673.35	15.30	11.26	10.15	44.82	183.33
天水	358.00	13.90	14.56	9.80	124.69	158.69
武威	270.52	14.68	7.11	4.33	39.72	13.17
张掖	553.51	10.27	5.95	3.62	51.62	83.40
平凉	2 818.42	13.23	5.40	3.36	69.98	234.25
酒泉	580.08	7.70	7.35	5.95	17.75	25.54
庆阳	176.07	24.32	4.65	2.83	122.17	11.75
定西	85.01	16.35	12.01	7.30	104.70	83.98
陇南	246.54	16.96	3.77	2.29	48.54	127.91

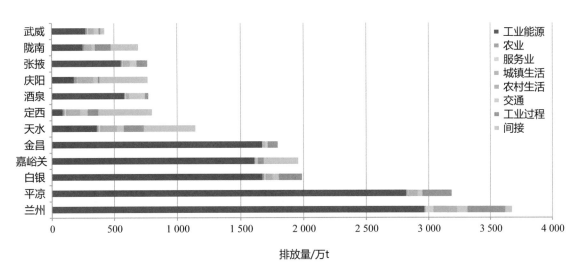

甘肃城市二氧化碳排放结构图

甘肃

城市名称	二氧化碳排放量 / 万 t					
	交通	工业	能源	直接	间接	总排放
兰州	84.31	3 273.15	3 311.58	3 620.42	53.55	3 673.97
嘉峪关	13.08	1 659.51	1 636.29	1 684.56	272.48	1 957.04
金昌	20.63	1 750.64	1 716.10	1 794.15	0.00	1 794.15
白银	48.89	1 856.68	1 803.77	1 987.10	0.00	1 987.10
天水	55.35	516.69	576.30	734.99	407.50	1 142.49
武威	39.70	283.69	376.06	389.23	31.28	420.51
张掖	55.91	636.91	680.88	764.28	0.00	764.28
平凉	38.86	3 052.67	2 949.25	3 183.50	0.00	3 183.50
酒泉	126.73	605.62	745.56	771.10	0.00	771.10
庆阳	38.13	187.82	368.17	379.92	386.58	766.50
定西	60.62	168.99	285.99	369.97	430.19	800.16
陇南	27.50	374.45	345.60	473.51	218.06	691.57

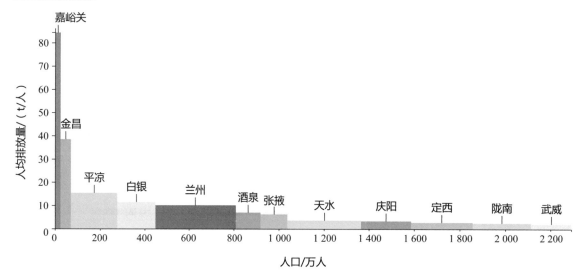

甘肃城市人均二氧化碳排放图

城市名称	单位 GDP 二氧化碳排放量 /（t/ 万元）				地均排放 /（t/km²）	人均排放 /（t/ 人）	碳生产率 /（万元 /t）
	总 GDP	第一产业	第二产业	第三产业			
兰州	2.36	0.18	2.09	0.09	2 817.01	10.19	0.42
嘉峪关	7.27	0.06	6.17	0.11	6 671.29	84.45	0.14
金昌	7.36	0.23	7.19	0.11	2 013.73	38.60	0.14
白银	4.57	0.31	4.28	0.09	937.93	11.61	0.22
天水	2.94	0.20	1.25	0.08	849.15	3.73	0.34
武威	1.20	0.19	0.83	0.06	122.88	2.25	0.83
张掖	2.59	0.14	2.18	0.05	180.52	6.31	0.39
平凉	9.88	0.21	9.41	0.06	2 869.60	15.50	0.10
酒泉	1.35	0.11	1.06	0.04	39.89	7.06	0.74
庆阳	1.44	0.31	0.35	0.02	280.36	3.44	0.70
定西	3.50	0.24	0.76	0.12	398.71	2.90	0.29
陇南	2.94	0.28	1.66	0.03	237.63	2.58	0.34

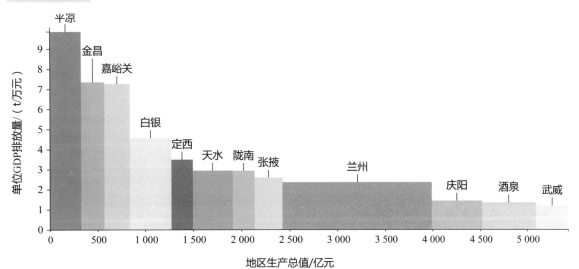

甘肃城市单位 GDP 二氧化碳排放图

宁夏

城市名称	二氧化碳排放量 / 万 t					
	工业能源	农业	服务业	城镇生活	农村生活	工业过程
银川	7 852.21	3.42	77.76	160.85	31.68	115.35
石嘴山	5 456.67	2.03	25.88	9.82	6.93	35.54
吴忠	2 893.65	8.03	21.82	13.83	39.19	279.78
固原	699.95	7.79	6.43	2.33	27.58	20.65
中卫	1 012.29	5.57	5.54	8.71	14.29	186.46

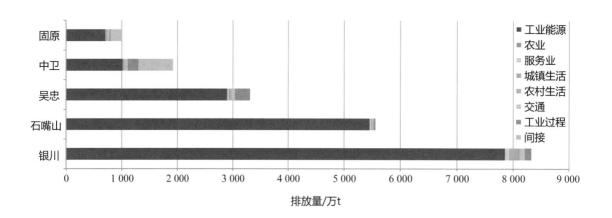

宁夏城市二氧化碳排放结构图

城市名称	二氧化碳排放量 / 万 t					
	交通	工业	能源	直接	间接	总排放
银川	82.01	7 967.56	8 207.93	8 323.28	0.00	8 323.28
石嘴山	26.83	5 492.21	5 528.16	5 563.70	0.00	5 563.70
吴忠	58.09	3 173.43	3 034.61	3 314.39	0.00	3 314.39
固原	32.85	720.60	776.93	797.58	203.97	1 001.55
中卫	62.46	1 198.75	1 108.86	1 295.32	625.71	1 921.03

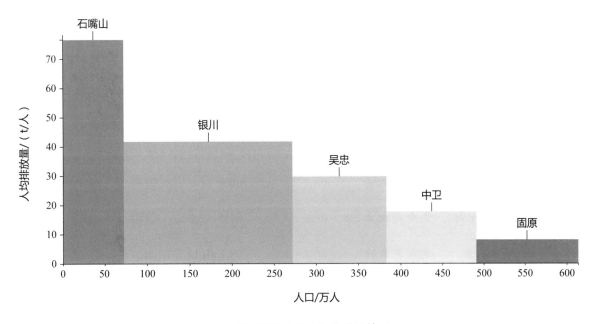

宁夏城市人均二氧化碳排放图

宁夏

城市名称	单位 GDP 二氧化碳排放量 /（t/ 万元）				地均排放 /（t/km²）	人均排放 /（t/ 人）	碳生产率 /（万元 /t）
	总 GDP	第一产业	第二产业	第三产业			
银川	7.24	0.07	6.92	0.17	9 234.03	41.81	0.14
石嘴山	13.56	0.09	13.40	0.20	10 469.52	76.63	0.07
吴忠	10.49	0.17	10.07	0.19	1 973.00	29.82	0.10
固原	6.33	0.20	4.55	0.10	768.79	8.17	0.16
中卫	7.67	0.13	4.78	0.06	1 101.83	17.78	0.13

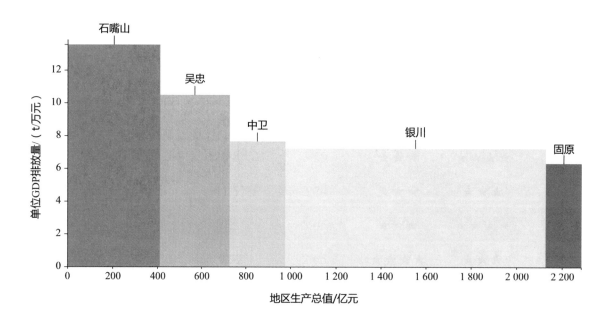

宁夏城市单位 GDP 二氧化碳排放图

海南、西藏、青海、新疆

城市名称	二氧化碳排放量 / 万 t					
	工业能源	农业	服务业	城镇生活	农村生活	工业过程
海口	174.73	9.69	71.32	36.30	3.84	0.00
三亚	23.39	3.54	27.23	19.35	0.32	0.00
拉萨	78.07	0.00	0.00	0.01	0.00	53.70
西宁	1 715.20	3.74	147.98	72.32	118.44	156.46
乌鲁木齐	4 639.77	5.38	130.85	150.74	14.07	256.43
克拉玛依	1 447.95	3.02	13.81	4.77	1.54	0.00

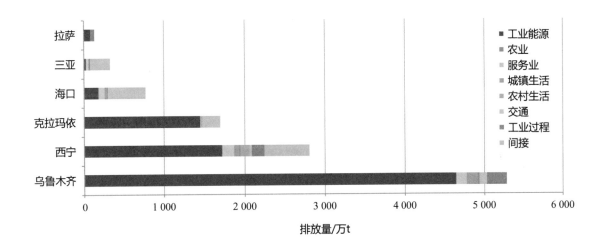

海南、西藏、青海、新疆城市二氧化碳排放结构图

海南、西藏、青海、新疆

城市名称	二氧化碳排放量 / 万 t					
	交通	工业	能源	直接	间接	总排放
海口	205.20	174.73	501.08	501.08	270.40	771.48
三亚	175.99	23.39	249.82	249.82	76.43	326.25
拉萨	0.49	131.77	78.57	132.27	0.00	132.27
西宁	28.48	1 871.66	2 086.16	2 242.62	563.84	2 806.46
乌鲁木齐	89.39	4 896.20	5 030.20	5 286.63	0.00	5 286.63
克拉玛依	28.09	1 447.95	1 499.18	1 499.18	195.96	1 695.14

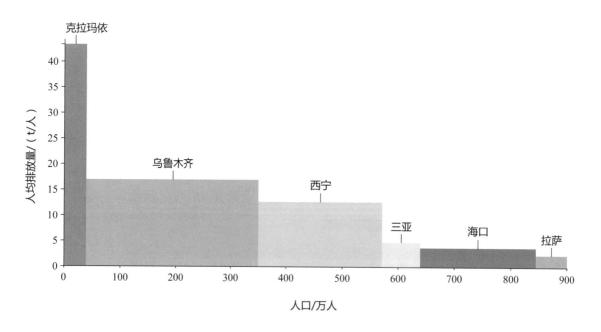

海南、西藏、青海、新疆城市人均二氧化碳排放图

海南、西藏、青海、新疆

城市名称	单位 GDP 二氧化碳排放量 /（t/ 万元）				地均排放 /（t/km²）	人均排放 /（t/ 人）	碳生产率 /（万元 /t）
	总 GDP	第一产业	第二产业	第三产业			
海口	0.94	0.17	0.21	0.13	3 351.41	3.78	1.06
三亚	1.00	0.07	0.07	0.14	1 727.05	4.84	1.00
拉萨	0.51	0.00	0.51	0.00	44.81	2.36	1.97
西宁	3.30	0.12	2.20	0.41	3 663.17	12.71	0.30
乌鲁木齐	2.64	0.23	2.45	0.11	3 831.60	16.97	0.38
克拉玛依	2.09	0.58	1.79	0.15	2 191.07	43.34	0.48

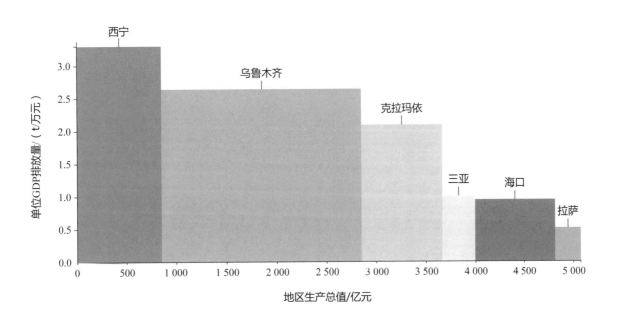

海南、西藏、青海、新疆城市单位 GDP 二氧化碳排放图

第二部分
城市排名

本部分分为分类相对评估和整体绝对评估，以低碳（人均二氧化碳排放）和发展（人均 GDP）两个指标评估城市二氧化碳排放绩效。

分类相对评估：按照不同城市类型，在每种分类类型中，按人均二氧化碳排放和人均 GDP 评估城市低碳发展水平（星级）。

整体绝对评估：基于城市人均二氧化碳排放和人均 GDP 在全国排名的乘积，确定城市的最终排名。

城市类型划分方法

角度	名称 / 特点	分类依据
产业结构	工业型	第二产业占城市国内生产总值比例 ≥ 50%
	服务业型	第三产业占城市国内生产总值比例 ≥ 50%
	其他类型	其他情况
人口规模	特大城市	常住人口 > 500 万人
	大城市	常住人口 ≥ 250 万人，≤ 500 万人
	中小城市	常住人口 < 250 万人
综合实力	一、二线城市	参考《第一财经周刊》的城市分类方法，同时借鉴国家统计局（进行住宅销售价格调查的城市）的城市分类方法
	三、四线城市	
	五、六线城市	
气候条件	气候 A（采暖供冷需求较小）	气候数据（HDD18 + CDD26）降序排列后 33.33%
	气候 B（采暖供冷需求一般）	气候数据（HDD18 + CDD26）降序排列中 33.33%
	气候 C（采暖供冷需求较大）	气候数据（HDD18 + CDD26）降序排列前 33.33%

注：具体指标解释见附录。

城市星级评估结果

城市低碳发展	说明
★★★★★	低碳发展程度高
☆☆☆☆	低碳发展程度一般
☆☆☆	低碳发展程度较低

分类相对评估—产业结构—服务业型

省级单位	城市名称	人均排放 /t	人均GDP/万元	人均排放星级	人均GDP星级	城市低碳发展程度
广东	深圳	2.00	12.50	★★★★★	★★★★★	★★★★★
北京	北京	8.61	8.61	★★★★	★★★★★	☆☆☆☆
上海	上海	11.30	8.86	★★★	★★★★★	☆☆☆☆
江苏	南京	10.86	9.00	★★★	★★★★★	☆☆☆☆
浙江	杭州	9.41	8.97	★★★★	★★★★★	☆☆☆☆
福建	厦门	6.37	7.97	★★★★	★★★★	☆☆☆☆
山东	济南	9.57	7.05	★★★★	★★★★	☆☆☆☆
湖南	张家界	2.42	2.29	★★★★★	★★★	☆☆☆☆
广东	广州	11.29	10.67	★★★	★★★★★	☆☆☆☆
广东	东莞	9.48	6.09	★★★★	★★★★	☆☆☆☆
海南	海口	3.78	4.00	★★★★★	★★★	☆☆☆☆
海南	三亚	4.84	4.83	★★★★★	★★★	☆☆☆☆
西藏	拉萨	2.36	4.65	★★★★★	★★★	☆☆☆☆
陕西	西安	4.43	5.16	★★★★★	★★★	☆☆☆☆
山西	太原	23.85	5.50	★★★	★★★★	☆☆☆
内蒙古	呼和浩特	23.80	8.58	★★★	★★★★	☆☆☆
黑龙江	哈尔滨	6.46	4.28	★★★★	★★★	☆☆☆
贵州	贵阳	9.83	3.96	★★★	★★★	☆☆☆
新疆	乌鲁木齐	16.97	6.43	★★★	★★★★	☆☆☆

分类相对评估—产业结构—工业型

省级单位	城市名称	人均排放 /t	人均GDP/万元	人均排放星级	人均GDP星级	城市低碳发展程度
江苏	南通	5.42	6.26	★★★★★	★★★★★	★★★★★
安徽	合肥	6.77	5.64	★★★★★	★★★★★	★★★★★
福建	泉州	7.04	5.79	★★★★★	★★★★★	★★★★★
江西	南昌	3.66	5.95	★★★★★	★★★★★	★★★★★
湖南	长沙	3.65	9.09	★★★★★	★★★★★	★★★★★
广东	中山	5.91	7.82	★★★★★	★★★★★	★★★★★
天津	天津	13.90	11.10	★★★	★★★★★	☆☆☆☆
河北	唐山	29.14	7.74	★★★	★★★★★	☆☆☆☆
河北	保定	4.97	2.43	★★★★★	★★★	☆☆☆☆
河北	承德	8.62	3.40	★★★★	★★★	☆☆☆☆
河北	沧州	3.82	3.94	★★★★★	★★★	☆☆☆☆
河北	廊坊	8.80	4.12	★★★★	★★★★	☆☆☆☆
河北	衡水	4.61	2.33	★★★★★	★★★	☆☆☆☆
山西	朔州	28.05	5.87	★★★	★★★★★	☆☆☆☆
内蒙古	包头	28.14	12.11	★★★	★★★★★	☆☆☆☆
内蒙古	乌海	63.65	9.98	★★★	★★★★★	☆☆☆☆
内蒙古	赤峰	10.69	3.59	★★★★	★★★★	☆☆☆☆
内蒙古	通辽	19.83	5.39	★★★	★★★★★	☆☆☆☆
内蒙古	鄂尔多斯	82.82	18.84	★★★	★★★★★	☆☆☆☆
辽宁	沈阳	8.20	8.15	★★★★	★★★★★	☆☆☆☆
辽宁	大连	14.33	10.47	★★★	★★★★★	☆☆☆☆

分类相对评估—产业结构—工业型

省级单位	城市名称	人均排放 /t	人均GDP/万元	人均排放星级	人均GDP星级	城市低碳发展程度
辽宁	鞍山	18.10	6.66	★★★	★★★★★	☆☆☆☆
辽宁	抚顺	18.80	5.78	★★★	★★★★★	☆☆☆☆
辽宁	本溪	27.84	6.51	★★★	★★★★★	☆☆☆☆
辽宁	丹东	5.85	4.15	★★★★★	★★★★	☆☆☆☆
辽宁	营口	15.69	5.69	★★★	★★★★★	☆☆☆☆
辽宁	辽阳	22.22	5.38	★★★	★★★★★	☆☆☆☆
辽宁	盘锦	23.48	8.94	★★★	★★★★★	☆☆☆☆
吉林	长春	7.67	5.81	★★★★	★★★★★	☆☆☆☆
吉林	通化	11.53	3.79	★★★★	★★★★	☆☆☆☆
黑龙江	大庆	21.70	13.78	★★★	★★★★★	☆☆☆☆
江苏	无锡	11.10	11.87	★★★★	★★★★★	☆☆☆☆
江苏	常州	12.81	8.64	★★★★	★★★★★	☆☆☆☆
江苏	苏州	18.21	13.63	★★★	★★★★★	☆☆☆☆
江苏	扬州	8.28	7.36	★★★★	★★★★★	☆☆☆☆
江苏	镇江	14.95	8.45	★★★	★★★★★	☆☆☆☆
江苏	泰州	8.06	5.85	★★★★	★★★★★	☆☆☆☆
浙江	宁波	11.55	8.65	★★★★	★★★★★	☆☆☆☆
浙江	温州	4.64	4.02	★★★★★	★★★★	☆☆☆☆
浙江	嘉兴	9.82	6.42	★★★★	★★★★★	☆☆☆☆
浙江	湖州	12.28	5.75	★★★★	★★★★★	☆☆☆☆
浙江	绍兴	10.14	7.44	★★★★	★★★★★	☆☆☆☆

分类相对评估—产业结构—工业型

省级单位	城市名称	人均排放 /t	人均 GDP/ 万元	人均排放星级	人均 GDP 星级	城市低碳发展程度
浙江	丽水	5.64	4.22	★★★★★	★★★★	☆☆☆☆
安徽	芜湖	17.31	8.27	★★★	★★★★★	☆☆☆
安徽	马鞍山	30.94	9.01	★★★	★★★★★	☆☆☆☆
安徽	铜陵	45.77	8.58	★★★	★★★★★	☆☆☆☆
安徽	安庆	5.21	2.56	★★★★★	★★★	☆☆☆☆
安徽	滁州	3.97	2.47	★★★★★	★★★	☆☆☆☆
福建	莆田	3.96	4.32	★★★★★	★★★★	☆☆☆☆
福建	三明	13.31	5.33	★★★★	★★★★★	☆☆☆☆
福建	龙岩	13.32	5.30	★★★★	★★★★	☆☆☆☆
江西	景德镇	9.34	3.96	★★★★	★★★★	☆☆☆☆
江西	萍乡	10.35	3.95	★★★★	★★★★	☆☆☆☆
江西	九江	4.96	3.00	★★★★★	★★★	☆☆☆☆
江西	新余	18.02	7.29	★★★	★★★★★	☆☆☆☆
江西	鹰潭	7.12	4.29	★★★★	★★★★	☆☆☆☆
江西	吉安	2.67	2.09	★★★★★	★★★	☆☆☆☆
江西	宜春	5.34	2.30	★★★★★	★★★	☆☆☆☆
江西	抚州	1.86	2.11	★★★★★	★★★	☆☆☆☆
江西	上饶	3.03	1.92	★★★★★	★★★	☆☆☆☆
山东	淄博	20.36	7.85	★★★	★★★★★	☆☆☆☆
山东	东营	25.41	14.74	★★★	★★★★★	☆☆☆☆
山东	烟台	7.91	7.58	★★★★	★★★★★	☆☆☆☆

分类相对评估—产业结构—工业型

省级单位	城市名称	人均排放/t	人均GDP/万元	人均排放星级	人均GDP星级	城市低碳发展程度
山东	潍坊	8.46	4.42	★★★★	★★★★	☆☆☆☆
山东	济宁	11.27	3.95	★★★★	★★★★	☆☆☆☆
山东	泰安	6.00	4.64	★★★★★	★★★★	☆☆☆☆
山东	威海	10.07	8.34	★★★★	★★★★★	☆☆☆☆
山东	德州	7.66	4.01	★★★★	★★★★	☆☆☆☆
山东	聊城	6.41	3.71	★★★★★	★★★★	☆☆☆☆
山东	滨州	11.48	5.30	★★★★	★★★★	☆☆☆☆
山东	菏泽	4.96	2.16	★★★★★	★★★	☆☆☆☆
河南	郑州	9.16	6.43	★★★★	★★★★★	☆☆☆☆
河南	洛阳	9.82	4.55	★★★★	★★★★	☆☆☆☆
河南	新乡	6.54	2.84	★★★★★	★★★	☆☆☆☆
河南	焦作	11.01	4.38	★★★★	★★★★	☆☆☆☆
河南	濮阳	3.18	2.75	★★★★★	★★★	☆☆☆☆
河南	许昌	6.45	3.98	★★★★★	★★★★	☆☆☆☆
河南	漯河	3.93	3.13	★★★★★	★★★	☆☆☆☆
河南	南阳	3.04	2.28	★★★★★	★★★	☆☆☆☆
湖北	黄石	11.51	4.28	★★★★	★★★★	☆☆☆☆
湖北	十堰	2.89	2.86	★★★★★	★★★	☆☆☆☆
湖北	宜昌	8.25	6.18	★★★★	★★★★★	☆☆☆☆
湖北	襄阳	4.70	4.55	★★★★★	★★★★	☆☆☆☆
湖北	鄂州	17.53	5.34	★★★	★★★★★	☆☆☆☆

分类相对评估—产业结构—工业型

省级单位	城市名称	人均排放/t	人均GDP/万元	人均排放星级	人均GDP星级	城市低碳发展程度
湖北	荆门	7.85	3.78	★★★★	★★★★	☆☆☆☆
湖南	株洲	4.54	4.57	★★★★★	★★★★	☆☆☆☆
湖南	湘潭	9.09	4.66	★★★★	★★★★	☆☆☆☆
湖南	岳阳	4.74	4.02	★★★★★	★★★★	☆☆☆☆
湖南	郴州	5.01	3.31	★★★★★	★★★★	☆☆☆☆
广东	珠海	12.22	9.62	★★★★	★★★★★	☆☆☆☆
广东	汕头	4.43	2.64	★★★★★	★★★	☆☆☆☆
广东	佛山	9.77	9.19	★★★★	★★★★★	☆☆☆☆
广东	江门	4.18	4.22	★★★★★	★★★★	☆☆☆☆
广东	惠州	7.53	5.15	★★★★	★★★★	☆☆☆☆
广东	揭阳	1.92	2.37	★★★★★	★★★	☆☆☆☆
广西	柳州	9.35	4.84	★★★★	★★★★	☆☆☆☆
广西	梧州	1.77	2.89	★★★★★	★★★	☆☆☆☆
广西	防城港	12.60	5.12	★★★★	★★★★	☆☆☆☆
广西	百色	6.57	2.18	★★★★★	★★★	☆☆☆☆
重庆	重庆	6.98	3.13	★★★★★	★★★	☆☆☆☆
四川	自贡	3.20	3.30	★★★★★	★★★	☆☆☆☆
四川	攀枝花	40.64	6.10	★★★	★★★★★	☆☆☆☆
四川	泸州	4.08	2.44	★★★★★	★★★	☆☆☆☆
四川	德阳	4.17	3.54	★★★★★	★★★★	☆☆☆☆
四川	绵阳	4.14	2.92	★★★★★	★★★	☆☆☆☆

分类相对评估—产业结构—工业型

省级单位	城市名称	人均排放/t	人均GDP/万元	人均排放星级	人均GDP星级	城市低碳发展程度
四川	遂宁	1.50	2.10	★★★★★	★★★	☆☆☆☆
四川	南充	1.41	1.88	★★★★★	★★★	☆☆☆☆
四川	眉山	3.52	2.63	★★★★★	★★★	☆☆☆☆
四川	广安	6.11	2.35	★★★★★	★★★	☆☆☆☆
四川	雅安	3.29	2.64	★★★★★	★★★	☆☆☆☆
四川	资阳	1.90	2.69	★★★★★	★★★	☆☆☆☆
云南	玉溪	5.91	4.34	★★★★★	★★★★	☆☆☆☆
陕西	宝鸡	6.91	3.70	★★★★★	★★★★	☆☆☆☆
陕西	咸阳	6.56	3.09	★★★★★	★★★	☆☆☆☆
陕西	延安	7.27	5.81	★★★★	★★★★★	☆☆☆☆
陕西	榆林	32.11	7.97	★★★	★★★★★	☆☆☆☆
甘肃	嘉峪关	84.45	11.61	★★★	★★★★★	☆☆☆☆
甘肃	酒泉	7.06	5.23	★★★★★	★★★★	☆☆☆☆
甘肃	庆阳	3.44	2.39	★★★★★	★★★	☆☆☆☆
青海	西宁	12.71	3.85	★★★★	★★★★	☆☆☆☆
宁夏	银川	41.81	5.77	★★★	★★★★★	☆☆☆☆
宁夏	石嘴山	76.63	5.65	★★★	★★★★★	☆☆☆☆
新疆	克拉玛依	43.34	20.73	★★★	★★★★★	☆☆☆☆
河北	邯郸	13.58	3.30	★★★	★★★	☆☆☆
河北	邢台	9.21	2.16	★★★★	★★★	☆☆☆
山西	大同	21.95	3.31	★★★	★★★	☆☆☆

分类相对评估—产业结构—工业型

省级单位	城市名称	人均排放/t	人均GDP/万元	人均排放星级	人均GDP星级	城市低碳发展程度
山西	阳泉	15.95	4.40	★★★	★★★★	☆☆☆
山西	长治	37.39	3.98	★★★	★★★★	☆☆☆
山西	晋城	18.69	4.44	★★★	★★★★	☆☆☆
山西	晋中	13.94	3.04	★★★	★★★	☆☆☆
山西	忻州	12.81	2.02	★★★★	★★★	☆☆☆
山西	临汾	25.43	2.83	★★★	★★★	☆☆☆
山西	吕梁	11.58	3.30	★★★★	★★★	☆☆☆
内蒙古	巴彦淖尔	14.81	4.69	★★★	★★★★	☆☆☆
内蒙古	乌兰察布	22.79	3.63	★★★	★★★★	☆☆☆
辽宁	铁岭	13.88	3.59	★★★	★★★★	☆☆☆
吉林	辽源	13.39	5.14	★★★	★★★★	☆☆☆
吉林	白山	16.64	4.96	★★★	★★★★	☆☆☆
黑龙江	七台河	83.15	3.25	★★★	★★★	☆☆☆
浙江	衢州	16.60	4.58	★★★	★★★★	☆☆☆
安徽	淮南	23.37	3.35	★★★	★★★★	☆☆☆
安徽	淮北	9.04	2.93	★★★★	★★★	☆☆☆
安徽	宣城	8.04	2.99	★★★★	★★★	☆☆☆
山东	枣庄	13.66	4.57	★★★	★★★★	☆☆☆
山东	日照	14.63	4.83	★★★	★★★★	☆☆☆
山东	莱芜	32.33	4.86	★★★	★★★★	☆☆☆
河南	平顶山	27.86	3.05	★★★	★★★	☆☆☆

分类相对评估—产业结构—工业型

省级单位	城市名称	人均排放/t	人均GDP/万元	人均排放星级	人均GDP星级	城市低碳发展程度
河南	安阳	7.84	3.03	★★★★	★★★	☆☆☆
河南	鹤壁	20.77	3.48	★★★	★★★★	☆☆☆
河南	三门峡	15.97	5.05	★★★	★★★★	☆☆☆
湖南	娄底	9.32	2.65	★★★★	★★★	☆☆☆
广东	潮州	7.27	2.65	★★★★	★★★	☆☆☆
四川	内江	8.08	2.64	★★★★	★★★	☆☆☆
四川	乐山	8.21	3.21	★★★★	★★★	☆☆☆
四川	宜宾	7.31	2.78	★★★★	★★★	☆☆☆
四川	达州	7.18	2.08	★★★★	★★★	☆☆☆
贵州	六盘水	17.14	2.64	★★★	★★★	☆☆☆
云南	曲靖	12.01	2.39	★★★★	★★★	☆☆☆
陕西	铜川	18.78	3.28	★★★	★★★	☆☆☆
陕西	渭南	13.04	2.18	★★★★	★★★	☆☆☆
甘肃	金昌	38.60	5.25	★★★	★★★★	☆☆☆
甘肃	白银	11.61	2.54	★★★★	★★★	☆☆☆
宁夏	吴忠	29.82	2.84	★★★	★★★	☆☆☆

分类相对评估—产业结构—其他型

省级单位	城市名称	人均排放/t	人均GDP/万元	人均排放星级	人均GDP星级	城市低碳发展程度
江苏	连云港	3.14	3.65	★★★★★	★★★★★	★★★★★
广东	茂名	2.74	3.33	★★★★★	★★★★★	★★★★★
广西	南宁	3.25	3.76	★★★★★	★★★★★	★★★★★
广西	北海	2.39	4.09	★★★★★	★★★★★	★★★★★
河北	石家庄	9.55	4.43	★★★	★★★★★	☆☆☆☆
河北	秦皇岛	8.58	3.81	★★★	★★★★★	☆☆☆☆
内蒙古	呼伦贝尔	25.21	5.24	★★★	★★★★★	☆☆☆☆
辽宁	锦州	7.67	3.97	★★★	★★★★★	☆☆☆☆
吉林	吉林	15.44	5.51	★★★	★★★★★	☆☆☆☆
吉林	四平	8.74	3.32	★★★	★★★★★	☆☆☆☆
吉林	松原	6.62	5.57	★★★★	★★★★★	☆☆☆☆
黑龙江	鹤岗	11.36	3.38	★★★	★★★★	☆☆☆☆
黑龙江	双鸭山	14.54	3.87	★★★	★★★★★	☆☆☆☆
黑龙江	伊春	6.58	2.26	★★★★	★★★★	☆☆☆☆
黑龙江	佳木斯	12.93	3.51	★★★	★★★★	☆☆☆☆
黑龙江	牡丹江	7.42	3.51	★★★	★★★★★	☆☆☆☆
黑龙江	黑河	5.99	2.19	★★★★	★★★★	☆☆☆☆
黑龙江	绥化	2.65	1.96	★★★★★	★★★	☆☆☆☆
江苏	徐州	12.52	4.77	★★★	★★★★★	☆☆☆☆
江苏	淮安	5.36	4.00	★★★★	★★★★★	☆☆☆☆
江苏	盐城	4.58	4.30	★★★★	★★★★★	☆☆☆☆

分类相对评估—产业结构—其他型

省级单位	城市名称	人均排放 /t	人均GDP/万元	人均排放星级	人均GDP星级	城市低碳发展程度
江苏	宿迁	4.41	3.23	★★★★	★★★★★	☆☆☆☆
浙江	金华	7.46	5.06	★★★	★★★★★	☆☆☆☆
浙江	舟山	5.03	7.61	★★★★	★★★★★	☆☆☆☆
浙江	台州	5.35	4.88	★★★★	★★★★★	☆☆☆☆
安徽	蚌埠	4.10	2.81	★★★★	★★★★	☆☆☆☆
安徽	黄山	2.89	3.13	★★★★★	★★★★	☆☆☆☆
安徽	阜阳	2.75	1.27	★★★★★	★★★	☆☆☆☆
安徽	宿州	2.68	1.71	★★★★★	★★★	☆☆☆☆
安徽	亳州	2.01	1.48	★★★★★	★★★	☆☆☆☆
福建	福州	3.38	5.92	★★★★	★★★★★	☆☆☆☆
福建	漳州	5.56	4.18	★★★★	★★★★★	☆☆☆☆
福建	南平	6.21	3.76	★★★★	★★★★★	☆☆☆☆
福建	宁德	5.78	3.81	★★★★	★★★★★	☆☆☆☆
江西	赣州	2.21	1.80	★★★★★	★★★	☆☆☆☆
山东	青岛	6.23	8.38	★★★★	★★★★★	☆☆☆☆
河南	开封	4.73	3.09	★★★★	★★★★	☆☆☆☆
河南	信阳	2.47	2.29	★★★★★	★★★★	☆☆☆☆
河南	周口	1.61	1.76	★★★★★	★★★	☆☆☆☆
河南	驻马店	2.71	1.90	★★★★★	★★★	☆☆☆☆
湖北	武汉	7.33	8.18	★★★	★★★★★	☆☆☆☆
湖北	孝感	3.61	2.30	★★★★	★★★★	☆☆☆☆

分类相对评估—产业结构—其他型

省级单位	城市名称	人均排放 /t	人均 GDP/万元	人均排放星级	人均 GDP星级	城市低碳发展程度
湖北	荆州	2.38	2.10	★★★★★	★★★★	☆☆☆☆
湖北	黄冈	3.01	1.94	★★★★★	★★★	☆☆☆☆
湖北	咸宁	3.94	3.09	★★★★	★★★★	☆☆☆☆
湖北	随州	1.68	2.73	★★★★★	★★★★	☆☆☆☆
湖南	衡阳	2.91	2.74	★★★★★	★★★★	☆☆☆☆
湖南	邵阳	2.35	1.45	★★★★★	★★★	☆☆☆☆
湖南	常德	3.47	3.57	★★★★	★★★★★	☆☆☆☆
湖南	益阳	3.07	2.37	★★★★★	★★★★	☆☆☆☆
湖南	永州	2.35	2.04	★★★★★	★★★	☆☆☆☆
湖南	怀化	2.15	2.11	★★★★★	★★★★	☆☆☆☆
广东	韶关	8.84	3.21	★★★	★★★★★	☆☆☆☆
广东	湛江	2.21	2.73	★★★★★	★★★★	☆☆☆☆
广东	肇庆	6.60	3.73	★★★★	★★★★★	☆☆☆☆
广东	汕尾	0.80	2.08	★★★★★	★★★	☆☆☆☆
广东	阳江	4.49	3.66	★★★★	★★★★★	☆☆☆☆
广西	桂林	3.25	3.13	★★★★★	★★★★	☆☆☆☆
广西	钦州	4.87	2.24	★★★★	★★★★	☆☆☆☆
广西	玉林	3.08	2.01	★★★★★	★★★	☆☆☆☆
广西	贺州	4.92	2.52	★★★★	★★★★	☆☆☆☆
广西	河池	1.69	1.46	★★★★★	★★★	☆☆☆☆
广西	崇左	4.38	2.66	★★★★	★★★★	☆☆☆☆

分类相对评估—产业结构—其他型

省级单位	城市名称	人均排放/t	人均GDP/万元	人均排放星级	人均GDP星级	城市低碳发展程度
四川	成都	4.10	5.79	★★★★	★★★★★	☆☆☆☆
四川	巴中	1.29	1.19	★★★★★	★★★	☆☆☆☆
贵州	遵义	3.54	2.22	★★★★	★★★★	☆☆☆☆
贵州	铜仁	3.48	2.86	★★★★	★★★★	☆☆☆☆
云南	昆明	8.89	4.68	★★★	★★★★★	☆☆☆☆
云南	保山	1.95	1.56	★★★★★	★★★	☆☆☆☆
云南	昭通	2.42	1.07	★★★★★	★★★	☆☆☆☆
云南	普洱	1.95	1.44	★★★★★	★★★	☆☆☆☆
云南	临沧	1.54	1.45	★★★★★	★★★	☆☆☆☆
陕西	汉中	4.99	2.21	★★★★	★★★★	☆☆☆☆
陕西	安康	2.31	1.89	★★★★★	★★★	☆☆☆☆
甘肃	兰州	10.19	4.32	★★★	★★★★★	☆☆☆☆
甘肃	武威	2.25	1.88	★★★★★	★★★	☆☆☆☆
甘肃	张掖	6.31	2.43	★★★★	★★★★	☆☆☆☆
甘肃	定西	2.90	0.83	★★★★★	★★★	☆☆☆☆
甘肃	陇南	2.58	0.88	★★★★★	★★★	☆☆☆☆
河北	张家口	11.59	2.84	★★★	★★★★	☆☆☆
山西	运城	19.90	2.08	★★★	★★★	☆☆☆
辽宁	阜新	12.36	3.08	★★★	★★★★	☆☆☆
辽宁	朝阳	6.68	3.02	★★★	★★★★	☆☆☆
辽宁	葫芦岛	11.57	2.74	★★★	★★★★	☆☆☆

分类相对评估—产业结构—其他型

省级单位	城市名称	人均排放 /t	人均GDP/万元	人均排放星级	人均GDP星级	城市低碳发展程度
吉林	白城	6.64	3.03	★★★	★★★★	☆☆☆
黑龙江	齐齐哈尔	6.98	2.19	★★★	★★★★	☆☆☆
黑龙江	鸡西	7.30	3.13	★★★	★★★★	☆☆☆
安徽	六安	3.62	1.64	★★★★	★★★	☆☆☆
安徽	池州	14.01	2.98	★★★	★★★★	☆☆☆
山东	临沂	7.78	3.00	★★★	★★★★	☆☆☆
河南	商丘	8.00	1.90	★★★	★★★	☆☆☆
广东	梅州	7.10	1.76	★★★	★★★	☆☆☆
广东	河源	3.49	2.09	★★★★	★★★	☆☆☆
广东	清远	11.80	2.77	★★★	★★★★	☆☆☆
广东	云浮	8.22	2.24	★★★	★★★★	☆☆☆
广西	贵港	7.03	1.65	★★★	★★★	☆☆☆
广西	来宾	7.79	2.45	★★★	★★★★	☆☆☆
四川	广元	4.38	1.89	★★★★	★★★	☆☆☆
贵州	安顺	6.41	1.60	★★★★	★★★	☆☆☆
贵州	毕节	7.67	0.73	★★★	★★★	☆☆☆
云南	丽江	5.44	1.71	★★★★	★★★	☆☆☆
陕西	商洛	3.54	1.81	★★★★	★★★	☆☆☆
甘肃	天水	3.73	1.27	★★★★	★★★	☆☆☆
甘肃	平凉	15.50	1.57	★★★	★★★	☆☆☆
宁夏	固原	8.17	1.29	★★★	★★★	☆☆☆

分类相对评估—产业结构—其他型

省级单位	城市名称	人均排放 /t	人均 GDP/万元	人均排放星级	人均 GDP 星级	城市低碳发展程度
宁夏	中卫	17.78	2.32	★★★	★★★★	☆☆☆

分类相对评估—人口规模—特大城市

省级单位	城市名称	人均排放 /t	人均GDP/万元	人均排放星级	人均GDP分类	城市低碳发展程度
福建	福州	3.38	5.92	★★★★★	★★★★★	★★★★★
江西	南昌	3.66	5.95	★★★★★	★★★★★	★★★★★
湖南	长沙	3.65	9.09	★★★★★	★★★★★	★★★★★
广东	深圳	2.00	12.50	★★★★★	★★★★★	★★★★★
北京	北京	8.61	8.61	★★★	★★★★★	☆☆☆☆
天津	天津	13.90	11.10	★★★	★★★★★	☆☆☆☆
河北	唐山	29.14	7.74	★★★	★★★★★	☆☆☆☆
河北	沧州	3.82	3.94	★★★★★	★★★★	☆☆☆☆
辽宁	沈阳	8.20	8.15	★★★	★★★★★	☆☆☆☆
辽宁	大连	14.33	10.47	★★★	★★★★★	☆☆☆☆
吉林	长春	7.67	5.81	★★★★	★★★★★	☆☆☆☆
黑龙江	哈尔滨	6.46	4.28	★★★★	★★★★	☆☆☆☆
黑龙江	绥化	2.65	1.96	★★★★★	★★★	☆☆☆☆
上海	上海	11.30	8.86	★★★	★★★★★	☆☆☆☆
江苏	南京	10.86	9.00	★★★	★★★★★	☆☆☆☆
江苏	无锡	11.10	11.87	★★★	★★★★★	☆☆☆☆
江苏	苏州	18.21	13.63	★★★	★★★★★	☆☆☆☆
江苏	南通	5.42	6.26	★★★★	★★★★★	☆☆☆☆
江苏	盐城	4.58	4.30	★★★★	★★★★	☆☆☆☆
浙江	杭州	9.41	8.97	★★★	★★★★★	☆☆☆☆
浙江	宁波	11.55	8.65	★★★	★★★★★	☆☆☆☆

分类相对评估—人口规模—特大城市

省级单位	城市名称	人均排放 /t	人均GDP/万元	人均排放星级	人均GDP分类	城市低碳发展程度
浙江	温州	4.64	4.02	★★★★	★★★★	☆☆☆☆
浙江	金华	7.46	5.06	★★★★	★★★★	☆☆☆☆
浙江	台州	5.35	4.88	★★★★	★★★★	☆☆☆☆
安徽	合肥	6.77	5.64	★★★★	★★★★★	☆☆☆☆
安徽	安庆	5.21	2.56	★★★★	★★★★	☆☆☆☆
安徽	阜阳	2.75	1.27	★★★★★	★★★	☆☆☆☆
安徽	宿州	2.68	1.71	★★★★★	★★★	☆☆☆☆
安徽	六安	3.62	1.64	★★★★★	★★★	☆☆☆☆
福建	泉州	7.04	5.79	★★★★	★★★★★	☆☆☆☆
江西	赣州	2.21	1.80	★★★★★	★★★	☆☆☆☆
江西	上饶	3.03	1.92	★★★★★	★★★	☆☆☆☆
山东	济南	9.57	7.05	★★★	★★★★★	☆☆☆☆
山东	青岛	6.23	8.38	★★★★	★★★★★	☆☆☆☆
山东	烟台	7.91	7.58	★★★	★★★★★	☆☆☆☆
山东	泰安	6.00	4.64	★★★★	★★★★	☆☆☆☆
山东	临沂	7.78	3.00	★★★★	★★★★	☆☆☆☆
山东	德州	7.66	4.01	★★★★	★★★★	☆☆☆☆
山东	聊城	6.41	3.71	★★★★	★★★★	☆☆☆☆
河南	郑州	9.16	6.43	★★★	★★★★★	☆☆☆☆
河南	新乡	6.54	2.84	★★★★	★★★★	☆☆☆☆
河南	南阳	3.04	2.28	★★★★★	★★★	☆☆☆☆

分类相对评估—人口规模—特大城市

省级单位	城市名称	人均排放/t	人均GDP/万元	人均排放星级	人均GDP分类	城市低碳发展程度
河南	信阳	2.47	2.29	★★★★★	★★★	☆☆☆☆
河南	周口	1.61	1.76	★★★★★	★★★	☆☆☆☆
河南	驻马店	2.71	1.90	★★★★★	★★★	☆☆☆☆
湖北	武汉	7.33	8.18	★★★★	★★★★★	☆☆☆☆
湖北	襄阳	4.70	4.55	★★★★	★★★★	☆☆☆☆
湖北	荆州	2.38	2.10	★★★★★	★★★	☆☆☆☆
湖北	黄冈	3.01	1.94	★★★★★	★★★	☆☆☆☆
湖南	衡阳	2.91	2.74	★★★★★	★★★★	☆☆☆☆
湖南	邵阳	2.35	1.45	★★★★★	★★★	☆☆☆☆
湖南	岳阳	4.74	4.02	★★★★	★★★★	☆☆☆☆
湖南	常德	3.47	3.57	★★★★★	★★★★	☆☆☆☆
湖南	永州	2.35	2.04	★★★★★	★★★	☆☆☆☆
广东	广州	11.29	10.67	★★★	★★★★★	☆☆☆☆
广东	汕头	4.43	2.64	★★★★	★★★★	☆☆☆☆
广东	佛山	9.77	9.19	★★★	★★★★★	☆☆☆☆
广东	湛江	2.21	2.73	★★★★★	★★★★	☆☆☆☆
广东	茂名	2.74	3.33	★★★★★	★★★★	☆☆☆☆
广东	东莞	9.48	6.09	★★★	★★★★★	☆☆☆☆
广东	揭阳	1.92	2.37	★★★★★	★★★	☆☆☆☆
广西	南宁	3.25	3.76	★★★★★	★★★★	☆☆☆☆
广西	玉林	3.08	2.01	★★★★★	★★★	☆☆☆☆

分类相对评估—人口规模—特大城市

省级单位	城市名称	人均排放 /t	人均GDP/ 万元	人均排放 星级	人均GDP 分类	城市低碳发 展程度
重庆	重庆	6.98	3.13	★★★★	★★★★	☆☆☆☆
四川	成都	4.10	5.79	★★★★	★★★★★	☆☆☆☆
四川	南充	1.41	1.88	★★★★★	★★★	☆☆☆☆
贵州	遵义	3.54	2.22	★★★★★	★★★	☆☆☆☆
云南	昭通	2.42	1.07	★★★★★	★★★	☆☆☆☆
陕西	西安	4.43	5.16	★★★★	★★★★★	☆☆☆☆
陕西	咸阳	6.56	3.09	★★★★	★★★★	☆☆☆☆
河北	石家庄	9.55	4.43	★★★	★★★★	☆☆☆
河北	邯郸	13.58	3.30	★★★	★★★★	☆☆☆
河北	邢台	9.21	2.16	★★★	★★★	☆☆☆
河北	保定	4.97	2.43	★★★★	★★★	☆☆☆
山西	运城	19.90	2.08	★★★	★★★	☆☆☆
黑龙江	齐齐哈尔	6.98	2.19	★★★★	★★★	☆☆☆
江苏	徐州	12.52	4.77	★★★	★★★★	☆☆☆
江西	宜春	5.34	2.30	★★★★	★★★	☆☆☆
山东	潍坊	8.46	4.42	★★★	★★★★	☆☆☆
山东	济宁	11.27	3.95	★★★	★★★★	☆☆☆
山东	菏泽	4.96	2.16	★★★★	★★★	☆☆☆
河南	洛阳	9.82	4.55	★★★	★★★★	☆☆☆
河南	安阳	7.84	3.03	★★★	★★★★	☆☆☆
河南	商丘	8.00	1.90	★★★	★★★	☆☆☆

分类相对评估—人口规模—特大城市

省级单位	城市名称	人均排放 /t	人均 GDP/ 万元	人均排放 星级	人均 GDP 分类	城市低碳发 展程度
四川	达州	7.18	2.08	★★★★	★★★	☆☆☆
贵州	毕节	7.67	0.73	★★★★	★★★	☆☆☆
云南	昆明	8.89	4.68	★★★	★★★★	☆☆☆
云南	曲靖	12.01	2.39	★★★	★★★	☆☆☆
陕西	渭南	13.04	2.18	★★★	★★★	☆☆☆

分类相对评估—人口规模—大城市

省级单位	城市名称	人均排放/t	人均GDP/万元	人均排放星级	人均GDP分类	城市低碳发展程度
福建	莆田	3.96	4.32	★★★★★	★★★★★	★★★★★
湖南	株洲	4.54	4.57	★★★★★	★★★★★	★★★★★
广东	江门	4.18	4.22	★★★★★	★★★★★	★★★★★
河北	秦皇岛	8.58	3.81	★★★★	★★★★	☆☆☆☆
河北	承德	8.62	3.40	★★★★	★★★★	☆☆☆☆
河北	廊坊	8.80	4.12	★★★★	★★★★★	☆☆☆☆
河北	衡水	4.61	2.33	★★★★★	★★★	☆☆☆☆
山西	太原	23.85	5.50	★★★	★★★★★	☆☆☆☆
内蒙古	呼和浩特	23.80	8.58	★★★	★★★★★	☆☆☆☆
内蒙古	包头	28.14	12.11	★★★	★★★★★	☆☆☆☆
内蒙古	通辽	19.83	5.39	★★★	★★★★★	☆☆☆☆
内蒙古	呼伦贝尔	25.21	5.24	★★★	★★★★★	☆☆☆☆
辽宁	鞍山	18.10	6.66	★★★	★★★★★	☆☆☆☆
辽宁	锦州	7.67	3.97	★★★★	★★★★	☆☆☆☆
辽宁	朝阳	6.68	3.02	★★★★	★★★★	☆☆☆☆
吉林	吉林	15.44	5.51	★★★	★★★★★	☆☆☆☆
吉林	四平	8.74	3.32	★★★★	★★★★	☆☆☆☆
吉林	松原	6.62	5.57	★★★★	★★★★★	☆☆☆☆
黑龙江	大庆	21.70	13.78	★★★	★★★★★	☆☆☆☆
黑龙江	牡丹江	7.42	3.51	★★★★	★★★★	☆☆☆☆
江苏	常州	12.81	8.64	★★★	★★★★★	☆☆☆☆

分类相对评估—人口规模—大城市

省级单位	城市名称	人均排放/t	人均GDP/万元	人均排放星级	人均GDP分类	城市低碳发展程度
江苏	连云港	3.14	3.65	★★★★★	★★★★	☆☆☆☆
江苏	淮安	5.36	4.00	★★★★	★★★★	☆☆☆☆
江苏	扬州	8.28	7.36	★★★★	★★★★★	☆☆☆☆
江苏	镇江	14.95	8.45	★★★	★★★★★	☆☆☆☆
江苏	泰州	8.06	5.85	★★★★	★★★★★	☆☆☆☆
江苏	宿迁	4.41	3.23	★★★★★	★★★★	☆☆☆☆
浙江	嘉兴	9.82	6.42	★★★	★★★★★	☆☆☆☆
浙江	湖州	12.28	5.75	★★★	★★★★★	☆☆☆☆
浙江	绍兴	10.14	7.44	★★★	★★★★★	☆☆☆☆
安徽	蚌埠	4.10	2.81	★★★★★	★★★	☆☆☆☆
安徽	滁州	3.97	2.47	★★★★★	★★★	☆☆☆☆
安徽	亳州	2.01	1.48	★★★★★	★★★	☆☆☆☆
安徽	宣城	8.04	2.99	★★★★	★★★★	☆☆☆☆
福建	厦门	6.37	7.97	★★★★	★★★★★	☆☆☆☆
福建	三明	13.31	5.33	★★★	★★★★★	☆☆☆☆
福建	漳州	5.56	4.18	★★★★	★★★★	☆☆☆☆
福建	南平	6.21	3.76	★★★★	★★★★	☆☆☆☆
福建	龙岩	13.32	5.30	★★★	★★★★★	☆☆☆☆
福建	宁德	5.78	3.81	★★★★	★★★★	☆☆☆☆
江西	九江	4.96	3.00	★★★★	★★★★	☆☆☆☆
江西	吉安	2.67	2.09	★★★★★	★★★	☆☆☆☆

分类相对评估—人口规模—大城市

省级单位	城市名称	人均排放/t	人均GDP/万元	人均排放星级	人均GDP分类	城市低碳发展程度
江西	抚州	1.86	2.11	★★★★★	★★★	☆☆☆☆
山东	淄博	20.36	7.85	★★★	★★★★★	☆☆☆☆
山东	枣庄	13.66	4.57	★★★	★★★★★	☆☆☆☆
山东	威海	10.07	8.34	★★★	★★★★★	☆☆☆☆
山东	日照	14.63	4.83	★★★	★★★★★	☆☆☆☆
山东	滨州	11.48	5.30	★★★	★★★★★	☆☆☆☆
河南	开封	4.73	3.09	★★★★★	★★★★	☆☆☆☆
河南	焦作	11.01	4.38	★★★	★★★★★	☆☆☆☆
河南	濮阳	3.18	2.75	★★★★★	★★★	☆☆☆☆
河南	许昌	6.45	3.98	★★★★	★★★★	☆☆☆☆
河南	漯河	3.93	3.13	★★★★★	★★★★	☆☆☆☆
湖北	十堰	2.89	2.86	★★★★★	★★★★	☆☆☆☆
湖北	宜昌	8.25	6.18	★★★★	★★★★★	☆☆☆☆
湖北	荆门	7.85	3.78	★★★★	★★★★	☆☆☆☆
湖北	孝感	3.61	2.30	★★★★★	★★★	☆☆☆☆
湖南	湘潭	9.09	4.66	★★★★	★★★★★	☆☆☆☆
湖南	益阳	3.07	2.37	★★★★★	★★★	☆☆☆☆
湖南	郴州	5.01	3.31	★★★★	★★★★	☆☆☆☆
湖南	怀化	2.15	2.11	★★★★★	★★★	☆☆☆☆
广东	韶关	8.84	3.21	★★★★	★★★★	☆☆☆☆
广东	肇庆	6.60	3.73	★★★★	★★★★	☆☆☆☆

分类相对评估—人口规模—大城市

省级单位	城市名称	人均排放 /t	人均 GDP/ 万元	人均排放星级	人均 GDP 分类	城市低碳发展程度
广东	惠州	7.53	5.15	★★★★	★★★★★	☆☆☆☆
广东	汕尾	0.80	2.08	★★★★★	★★★	☆☆☆☆
广东	河源	3.49	2.09	★★★★★	★★★	☆☆☆☆
广东	中山	5.91	7.82	★★★★	★★★★★	☆☆☆☆
广西	柳州	9.35	4.84	★★★	★★★★★	☆☆☆☆
广西	桂林	3.25	3.13	★★★★★	★★★★	☆☆☆☆
广西	梧州	1.77	2.89	★★★★★	★★★★	☆☆☆☆
广西	河池	1.69	1.46	★★★★★	★★★	☆☆☆☆
四川	自贡	3.20	3.30	★★★★★	★★★★	☆☆☆☆
四川	泸州	4.08	2.44	★★★★★	★★★	☆☆☆☆
四川	德阳	4.17	3.54	★★★★★	★★★★	☆☆☆☆
四川	绵阳	4.14	2.92	★★★★★	★★★★	☆☆☆☆
四川	遂宁	1.50	2.10	★★★★★	★★★	☆☆☆☆
四川	乐山	8.21	3.21	★★★★	★★★★	☆☆☆☆
四川	眉山	3.52	2.63	★★★★★	★★★	☆☆☆☆
四川	巴中	1.29	1.19	★★★★★	★★★	☆☆☆☆
四川	资阳	1.90	2.69	★★★★★	★★★	☆☆☆☆
贵州	铜仁	3.48	2.86	★★★★★	★★★★	☆☆☆☆
云南	保山	1.95	1.56	★★★★★	★★★	☆☆☆☆
云南	普洱	1.95	1.44	★★★★★	★★★	☆☆☆☆
陕西	宝鸡	6.91	3.70	★★★★	★★★★	☆☆☆☆

分类相对评估—人口规模—大城市

省级单位	城市名称	人均排放 /t	人均 GDP/万元	人均排放星级	人均 GDP分类	城市低碳发展程度
陕西	榆林	32.11	7.97	★★★	★★★★★	☆☆☆☆
陕西	安康	2.31	1.89	★★★★★	★★★	☆☆☆☆
甘肃	兰州	10.19	4.32	★★★	★★★★★	☆☆☆☆
甘肃	天水	3.73	1.27	★★★★★	★★★	☆☆☆☆
甘肃	定西	2.90	0.83	★★★★★	★★★	☆☆☆☆
甘肃	陇南	2.58	0.88	★★★★★	★★★	☆☆☆☆
新疆	乌鲁木齐	16.97	6.43	★★★	★★★★★	☆☆☆☆
河北	张家口	11.59	2.84	★★★	★★★★	☆☆☆
山西	大同	21.95	3.31	★★★	★★★★	☆☆☆
山西	长治	37.39	3.98	★★★	★★★★	☆☆☆
山西	晋中	13.94	3.04	★★★	★★★★	☆☆☆
山西	忻州	12.81	2.02	★★★	★★★	☆☆☆
山西	临汾	25.43	2.83	★★★	★★★	☆☆☆
山西	吕梁	11.58	3.30	★★★	★★★★	☆☆☆
内蒙古	赤峰	10.69	3.59	★★★	★★★★	☆☆☆
辽宁	铁岭	13.88	3.59	★★★	★★★★	☆☆☆
辽宁	葫芦岛	11.57	2.74	★★★	★★★	☆☆☆
河南	平顶山	27.86	3.05	★★★	★★★★	☆☆☆
湖南	娄底	9.32	2.65	★★★★	★★★	☆☆☆
广东	梅州	7.10	1.76	★★★★	★★★	☆☆☆
广东	清远	11.80	2.77	★★★	★★★	☆☆☆

分类相对评估—人口规模—大城市

省级单位	城市名称	人均排放 /t	人均 GDP/万元	人均排放星级	人均 GDP分类	城市低碳发展程度
广东	潮州	7.27	2.65	★★★★	★★★	☆☆☆
广西	钦州	4.87	2.24	★★★★	★★★	☆☆☆
广西	贵港	7.03	1.65	★★★★	★★★	☆☆☆
广西	百色	6.57	2.18	★★★★	★★★	☆☆☆
四川	内江	8.08	2.64	★★★★	★★★	☆☆☆
四川	宜宾	7.31	2.78	★★★★	★★★	☆☆☆
四川	广安	6.11	2.35	★★★★	★★★	☆☆☆
贵州	贵阳	9.83	3.96	★★★	★★★★	☆☆☆
贵州	六盘水	17.14	2.64	★★★	★★★	☆☆☆
陕西	汉中	4.99	2.21	★★★★	★★★	☆☆☆

分类相对评估—人口规模—中小城市

省级单位	城市名称	人均排放/t	人均GDP/万元	人均排放星级	人均GDP分类	城市低碳发展程度
浙江	舟山	5.03	7.61	★★★★★	★★★★★	★★★★★
甘肃	酒泉	7.06	5.23	★★★★★	★★★★★	★★★★★
山西	阳泉	15.95	4.40	★★★★	★★★★	☆☆☆☆
山西	朔州	28.05	5.87	★★★	★★★★★	☆☆☆☆
内蒙古	乌海	63.65	9.98	★★★	★★★★★	☆☆☆☆
内蒙古	鄂尔多斯	82.82	18.84	★★★	★★★★★	☆☆☆☆
内蒙古	巴彦淖尔	14.81	4.69	★★★★	★★★★	☆☆☆☆
辽宁	抚顺	18.80	5.78	★★★	★★★★★	☆☆☆☆
辽宁	本溪	27.84	6.51	★★★	★★★★★	☆☆☆☆
辽宁	丹东	5.85	4.15	★★★★★	★★★★	☆☆☆☆
辽宁	营口	15.69	5.69	★★★★	★★★★★	☆☆☆☆
辽宁	辽阳	22.22	5.38	★★★	★★★★★	☆☆☆☆
辽宁	盘锦	23.48	8.94	★★★	★★★★★	☆☆☆☆
吉林	辽源	13.39	5.14	★★★★	★★★★★	☆☆☆☆
吉林	通化	11.53	3.79	★★★★	★★★★	☆☆☆☆
吉林	白山	16.64	4.96	★★★★	★★★★★	☆☆☆☆
吉林	白城	6.64	3.03	★★★★★	★★★	☆☆☆☆
黑龙江	鸡西	7.30	3.13	★★★★	★★★★	☆☆☆☆
黑龙江	鹤岗	11.36	3.38	★★★★	★★★★	☆☆☆☆
黑龙江	双鸭山	14.54	3.87	★★★★	★★★★	☆☆☆☆
黑龙江	伊春	6.58	2.26	★★★★★	★★★	☆☆☆☆

分类相对评估—人口规模—中小城市

省级单位	城市名称	人均排放 /t	人均 GDP/ 万元	人均排放 星级	人均 GDP 分类	城市低碳发 展程度
黑龙江	佳木斯	12.93	3.51	★★★★	★★★★	☆☆☆☆
黑龙江	黑河	5.99	2.19	★★★★★	★★★	☆☆☆☆
浙江	衢州	16.60	4.58	★★★★	★★★★	☆☆☆☆
浙江	丽水	5.64	4.22	★★★★★	★★★	☆☆☆☆
安徽	芜湖	17.31	8.27	★★★	★★★★★	☆☆☆☆
安徽	马鞍山	30.94	9.01	★★★	★★★★★	☆☆☆☆
安徽	铜陵	45.77	8.58	★★★	★★★★★	☆☆☆☆
安徽	黄山	2.89	3.13	★★★★★	★★★	☆☆☆☆
江西	景德镇	9.34	3.96	★★★★	★★★★	☆☆☆☆
江西	萍乡	10.35	3.95	★★★★	★★★★	☆☆☆☆
江西	新余	18.02	7.29	★★★	★★★★★	☆☆☆☆
江西	鹰潭	7.12	4.29	★★★★	★★★★	☆☆☆☆
山东	东营	25.41	14.74	★★★	★★★★★	☆☆☆☆
河南	三门峡	15.97	5.05	★★★★	★★★★★	☆☆☆☆
湖北	黄石	11.51	4.28	★★★★	★★★★	☆☆☆☆
湖北	鄂州	17.53	5.34	★★★	★★★★★	☆☆☆☆
湖北	咸宁	3.94	3.09	★★★★★	★★★	☆☆☆☆
湖北	随州	1.68	2.73	★★★★★	★★★	☆☆☆☆
湖南	张家界	2.42	2.29	★★★★★	★★★	☆☆☆☆
广东	珠海	12.22	9.62	★★★★	★★★★★	☆☆☆☆
广东	阳江	4.49	3.66	★★★★★	★★★★	☆☆☆☆

分类相对评估—人口规模—中小城市

省级单位	城市名称	人均排放 /t	人均 GDP/万元	人均排放星级	人均 GDP分类	城市低碳发展程度
广西	北海	2.39	4.09	★★★★★	★★★★	☆☆☆☆
广西	防城港	12.60	5.12	★★★★	★★★★★	☆☆☆☆
广西	贺州	4.92	2.52	★★★★★	★★★	☆☆☆☆
广西	崇左	4.38	2.66	★★★★★	★★★	☆☆☆☆
海南	海口	3.78	4.00	★★★★★	★★★★	☆☆☆☆
海南	三亚	4.84	4.83	★★★★★	★★★★	☆☆☆☆
四川	攀枝花	40.64	6.10	★★★	★★★★★	☆☆☆☆
四川	广元	4.38	1.89	★★★★★	★★★	☆☆☆☆
四川	雅安	3.29	2.64	★★★★★	★★★	☆☆☆☆
贵州	安顺	6.41	1.60	★★★★★	★★★	☆☆☆☆
云南	玉溪	5.91	4.34	★★★★★	★★★★	☆☆☆☆
云南	丽江	5.44	1.71	★★★★★	★★★	☆☆☆☆
云南	临沧	1.54	1.45	★★★★★	★★★	☆☆☆☆
西藏	拉萨	2.36	4.65	★★★★★	★★★★	☆☆☆☆
陕西	延安	7.27	5.81	★★★★	★★★★★	☆☆☆☆
陕西	商洛	3.54	1.81	★★★★★	★★★	☆☆☆☆
甘肃	嘉峪关	84.45	11.61	★★★	★★★★★	☆☆☆☆
甘肃	金昌	38.60	5.25	★★★	★★★★★	☆☆☆☆
甘肃	武威	2.25	1.88	★★★★★	★★★	☆☆☆☆
甘肃	张掖	6.31	2.43	★★★★★	★★★	☆☆☆☆
甘肃	庆阳	3.44	2.39	★★★★★	★★★	☆☆☆☆

分类相对评估—人口规模—中小城市

省级单位	城市名称	人均排放 /t	人均 GDP/ 万元	人均排放星级	人均 GDP 分类	城市低碳发展程度
青海	西宁	12.71	3.85	★★★★	★★★★	☆☆☆☆
宁夏	银川	41.81	5.77	★★★	★★★★★	☆☆☆☆
宁夏	石嘴山	76.63	5.65	★★★	★★★★★	☆☆☆☆
新疆	克拉玛依	43.34	20.73	★★★	★★★★★	☆☆☆☆
山西	晋城	18.69	4.44	★★★	★★★★	☆☆☆
内蒙古	乌兰察布	22.79	3.63	★★★	★★★★	☆☆☆
辽宁	阜新	12.36	3.08	★★★★	★★★	☆☆☆
黑龙江	七台河	83.15	3.25	★★★	★★★★	☆☆☆
安徽	淮南	23.37	3.35	★★★	★★★★	☆☆☆
安徽	淮北	9.04	2.93	★★★★	★★★	☆☆☆
安徽	池州	14.01	2.98	★★★★	★★★	☆☆☆
山东	莱芜	32.33	4.86	★★★	★★★★	☆☆☆
河南	鹤壁	20.77	3.48	★★★	★★★★	☆☆☆
广东	云浮	8.22	2.24	★★★★	★★★	☆☆☆
广西	来宾	7.79	2.45	★★★★	★★★	☆☆☆
陕西	铜川	18.78	3.28	★★★	★★★★	☆☆☆
甘肃	白银	11.61	2.54	★★★★	★★★	☆☆☆
甘肃	平凉	15.50	1.57	★★★★	★★★	☆☆☆
宁夏	吴忠	29.82	2.84	★★★	★★★	☆☆
宁夏	固原	8.17	1.29	★★★★	★★★	☆☆☆
宁夏	中卫	17.78	2.32	★★★	★★★	☆☆☆

分类相对评估—综合实力—一、二线

省级单位	城市名称	人均排放/t	人均GDP/万元	人均排放星级	人均GDP星级	城市低碳发展程度
湖南	长沙	3.65	9.09	★★★★★	★★★★★	★★★★★
广东	深圳	2.00	12.50	★★★★★	★★★★★	★★★★★
北京	北京	8.61	8.61	★★★★	★★★★	☆☆☆☆
天津	天津	13.90	11.10	★★★	★★★★★	☆☆☆☆
辽宁	大连	14.33	10.47	★★★	★★★★★	☆☆☆☆
江苏	无锡	11.10	11.87	★★★	★★★★★	☆☆☆☆
浙江	杭州	9.41	8.97	★★★★	★★★★	☆☆☆☆
福建	福州	3.38	5.92	★★★★★	★★★	☆☆☆☆
山东	青岛	6.23	8.38	★★★★★	★★★★	☆☆☆☆
湖北	武汉	7.33	8.18	★★★★	★★★★	☆☆☆☆
广东	广州	11.29	10.67	★★★	★★★★★	☆☆☆☆
四川	成都	4.10	5.79	★★★★★	★★★	☆☆☆☆
陕西	西安	4.43	5.16	★★★★★	★★★	☆☆☆☆
辽宁	沈阳	8.20	8.15	★★★★	★★★	☆☆☆
上海	上海	11.30	8.86	★★★	★★★★	☆☆☆
江苏	南京	10.86	9.00	★★★	★★★★	☆☆☆
福建	厦门	6.37	7.97	★★★★	★★★	☆☆☆
山东	济南	9.57	7.05	★★★	★★★	☆☆☆
重庆	重庆	6.98	3.13	★★★★	★★★	☆☆☆

分类相对评估—综合实力—三、四线

省级单位	城市名称	人均排放 /t	人均 GDP/万元	人均排放星级	人均 GDP星级	城市低碳发展程度
江苏	南通	5.42	6.26	★★★★★	★★★★★	★★★★★
浙江	舟山	5.03	7.61	★★★★★	★★★★★	★★★★★
江西	南昌	3.66	5.95	★★★★★	★★★★★	★★★★★
广东	中山	5.91	7.82	★★★★★	★★★★★	★★★★★
河北	石家庄	9.55	4.43	★★★★	★★★★	☆☆☆☆☆
河北	唐山	29.14	7.74	★★★	★★★★★	☆☆☆☆☆
河北	保定	4.97	2.43	★★★★★	★★★	☆☆☆☆☆
河北	沧州	3.82	3.94	★★★★★	★★★	☆☆☆☆☆
河北	廊坊	8.80	4.12	★★★★	★★★★	☆☆☆☆☆
内蒙古	呼和浩特	23.80	8.58	★★★	★★★★★	☆☆☆☆☆
内蒙古	包头	28.14	12.11	★★★	★★★★★	☆☆☆☆☆
内蒙古	鄂尔多斯	82.82	18.84	★★★	★★★★★	☆☆☆☆☆
辽宁	鞍山	18.10	6.66	★★★	★★★★★	☆☆☆☆☆
辽宁	丹东	5.85	4.15	★★★★★	★★★★	☆☆☆☆☆
吉林	长春	7.67	5.81	★★★★	★★★★★	☆☆☆☆☆
黑龙江	哈尔滨	6.46	4.28	★★★★★	★★★★	☆☆☆☆☆
黑龙江	大庆	21.70	13.78	★★★	★★★★★	☆☆☆☆☆
江苏	常州	12.81	8.64	★★★	★★★★★	☆☆☆☆☆
江苏	苏州	18.21	13.63	★★★	★★★★★	☆☆☆☆☆
江苏	连云港	3.14	3.65	★★★★★	★★★	☆☆☆☆☆
江苏	淮安	5.36	4.00	★★★★★	★★★	☆☆☆☆☆

分类相对评估—综合实力—三、四线

省级单位	城市名称	人均排放 /t	人均GDP/万元	人均排放星级	人均GDP星级	城市低碳发展程度
江苏	盐城	4.58	4.30	★★★★★	★★★★	☆☆☆☆
江苏	扬州	8.28	7.36	★★★★	★★★★★	☆☆☆☆
江苏	镇江	14.95	8.45	★★★	★★★★★	☆☆☆☆
江苏	泰州	8.06	5.85	★★★★	★★★★	☆☆☆☆
浙江	宁波	11.55	8.65	★★★	★★★★★	☆☆☆☆
浙江	温州	4.64	4.02	★★★★★	★★★★	☆☆☆☆
浙江	嘉兴	9.82	6.42	★★★★	★★★★	☆☆☆☆
浙江	绍兴	10.14	7.44	★★★★	★★★★★	☆☆☆☆
浙江	金华	7.46	5.06	★★★★	★★★★	☆☆☆☆
浙江	台州	5.35	4.88	★★★★★	★★★★	☆☆☆☆
安徽	合肥	6.77	5.64	★★★★	★★★★	☆☆☆☆
安徽	芜湖	17.31	8.27	★★★	★★★★★	☆☆☆☆
安徽	马鞍山	30.94	9.01	★★★	★★★★★	☆☆☆☆
安徽	安庆	5.21	2.56	★★★★★	★★★	☆☆☆☆
福建	泉州	7.04	5.79	★★★★	★★★★	☆☆☆☆
福建	漳州	5.56	4.18	★★★★★	★★★★	☆☆☆☆
江西	九江	4.96	3.00	★★★★★	★★★	☆☆☆☆
江西	赣州	2.21	1.80	★★★★★	★★★	☆☆☆☆
山东	淄博	20.36	7.85	★★★	★★★★★	☆☆☆☆
山东	东营	25.41	14.74	★★★	★★★★★	☆☆☆☆
山东	烟台	7.91	7.58	★★★★	★★★★★	☆☆☆☆

分类相对评估—综合实力—三、四线

省级单位	城市名称	人均排放/t	人均GDP/万元	人均排放星级	人均GDP星级	城市低碳发展程度
山东	潍坊	8.46	4.42	★★★★	★★★★	☆☆☆☆
山东	泰安	6.00	4.64	★★★★★	★★★★	☆☆☆☆
山东	威海	10.07	8.34	★★★★	★★★★★	☆☆☆☆
山东	聊城	6.41	3.71	★★★★★	★★★	☆☆☆☆
河南	郑州	9.16	6.43	★★★★	★★★★★	☆☆☆☆
河南	洛阳	9.82	4.55	★★★★	★★★★	☆☆☆☆
河南	南阳	3.04	2.28	★★★★★	★★★	☆☆☆☆
湖北	宜昌	8.25	6.18	★★★★	★★★★★	☆☆☆☆
湖北	襄阳	4.70	4.55	★★★★★	★★★★	☆☆☆☆
湖南	株洲	4.54	4.57	★★★★★	★★★★	☆☆☆☆
湖南	湘潭	9.09	4.66	★★★★	★★★★	☆☆☆☆
湖南	衡阳	2.91	2.74	★★★★★	★★★	☆☆☆☆
湖南	岳阳	4.74	4.02	★★★★★	★★★★	☆☆☆☆
湖南	郴州	5.01	3.31	★★★★★	★★★	☆☆☆☆
广东	珠海	12.22	9.62	★★★	★★★★★	☆☆☆☆
广东	汕头	4.43	2.64	★★★★★	★★★	☆☆☆☆
广东	佛山	9.77	9.19	★★★★	★★★★★	☆☆☆☆
广东	江门	4.18	4.22	★★★★★	★★★★	☆☆☆☆
广东	惠州	7.53	5.15	★★★★	★★★★	☆☆☆☆
广东	东莞	9.48	6.09	★★★★	★★★★★	☆☆☆☆
广西	南宁	3.25	3.76	★★★★★	★★★	☆☆☆☆

分类相对评估—综合实力—三、四线

省级单位	城市名称	人均排放/t	人均GDP/万元	人均排放星级	人均GDP星级	城市低碳发展程度
广西	柳州	9.35	4.84	★★★★	★★★★	☆☆☆☆
广西	桂林	3.25	3.13	★★★★★	★★★	☆☆☆☆
海南	海口	3.78	4.00	★★★★★	★★★	☆☆☆☆
海南	三亚	4.84	4.83	★★★★★	★★★★	☆☆☆☆
四川	绵阳	4.14	2.92	★★★★★	★★★	☆☆☆☆
云南	昆明	8.89	4.68	★★★★	★★★★	☆☆☆☆
陕西	榆林	32.11	7.97	★★★	★★★★★	☆☆☆☆
甘肃	兰州	10.19	4.32	★★★★	★★★★	☆☆☆☆
新疆	乌鲁木齐	16.97	6.43	★★★	★★★★★	☆☆☆☆
河北	秦皇岛	8.58	3.81	★★★★	★★★	☆☆☆
河北	邯郸	13.58	3.30	★★★	★★★	☆☆☆
河北	邢台	9.21	2.16	★★★★	★★★	☆☆☆
山西	太原	23.85	5.50	★★★	★★★★	☆☆☆
山西	大同	21.95	3.31	★★★	★★★	☆☆☆
山西	长治	37.39	3.98	★★★	★★★	☆☆☆
山西	运城	19.90	2.08	★★★	★★★	☆☆☆
辽宁	锦州	7.67	3.97	★★★★	★★★	☆☆☆
辽宁	营口	15.69	5.69	★★★	★★★★	☆☆☆
吉林	吉林	15.44	5.51	★★★	★★★★	☆☆☆
江苏	徐州	12.52	4.77	★★★	★★★★	☆☆☆
福建	龙岩	13.32	5.30	★★★	★★★★	☆☆☆

分类相对评估—综合实力—三、四线

省级单位	城市名称	人均排放 /t	人均 GDP/万元	人均排放星级	人均 GDP星级	城市低碳发展程度
山东	济宁	11.27	3.95	★★★	★★★	☆☆☆
山东	日照	14.63	4.83	★★★	★★★★	☆☆☆
山东	临沂	7.78	3.00	★★★★	★★★	☆☆☆
山东	滨州	11.48	5.30	★★★	★★★★	☆☆☆
河南	平顶山	27.86	3.05	★★★	★★★	☆☆☆
河南	新乡	6.54	2.84	★★★★	★★★	☆☆☆
广东	肇庆	6.60	3.73	★★★★	★★★	☆☆☆
广东	潮州	7.27	2.65	★★★★	★★★	☆☆☆
贵州	贵阳	9.83	3.96	★★★★	★★★	☆☆☆
陕西	咸阳	6.56	3.09	★★★★	★★★	☆☆☆
青海	西宁	12.71	3.85	★★★	★★★	☆☆☆
宁夏	银川	41.81	5.77	★★★	★★★★	☆☆☆

分类相对评估—综合实力—五、六线

省级单位	城市名称	人均排放/t	人均GDP/万元	人均排放星级	人均GDP星级	城市低碳发展程度
福建	莆田	3.96	4.32	★★★★★	★★★★★	★★★★★
湖南	常德	3.47	3.57	★★★★★	★★★★★	★★★★★
广西	北海	2.39	4.09	★★★★★	★★★★★	★★★★★
西藏	拉萨	2.36	4.65	★★★★★	★★★★★	★★★★★
河北	承德	8.62	3.40	★★★★	★★★★	☆☆☆☆
河北	衡水	4.61	2.33	★★★★	★★★★	☆☆☆☆
山西	阳泉	15.95	4.40	★★★	★★★★★	☆☆☆☆
山西	晋城	18.69	4.44	★★★	★★★★★	☆☆☆☆
山西	朔州	28.05	5.87	★★★	★★★★★	☆☆☆☆
内蒙古	乌海	63.65	9.98	★★★	★★★★★	☆☆☆☆
内蒙古	赤峰	10.69	3.59	★★★	★★★★★	☆☆☆☆
内蒙古	通辽	19.83	5.39	★★★	★★★★★	☆☆☆☆
内蒙古	呼伦贝尔	25.21	5.24	★★★	★★★★★	☆☆☆☆
内蒙古	巴彦淖尔	14.81	4.69	★★★	★★★★★	☆☆☆☆
内蒙古	乌兰察布	22.79	3.63	★★★	★★★★★	☆☆☆☆
辽宁	抚顺	18.80	5.78	★★★	★★★★★	☆☆☆☆
辽宁	本溪	27.84	6.51	★★★	★★★★★	☆☆☆☆
辽宁	辽阳	22.22	5.38	★★★	★★★★★	☆☆☆☆
辽宁	盘锦	23.48	8.94	★★★	★★★★★	☆☆☆☆
辽宁	铁岭	13.88	3.59	★★★	★★★★★	☆☆☆☆
辽宁	朝阳	6.68	3.02	★★★★	★★★★	☆☆☆☆

分类相对评估—综合实力—五、六线

省级单位	城市名称	人均排放/t	人均GDP/万元	人均排放星级	人均GDP星级	城市低碳发展程度
吉林	四平	8.74	3.32	★★★★	★★★★	☆☆☆☆
吉林	辽源	13.39	5.14	★★★	★★★★★	☆☆☆☆
吉林	通化	11.53	3.79	★★★	★★★★★	☆☆☆☆
吉林	白山	16.64	4.96	★★★	★★★★★	☆☆☆☆
吉林	松原	6.62	5.57	★★★★	★★★★★	☆☆☆☆
吉林	白城	6.64	3.03	★★★★	★★★★	☆☆☆☆
黑龙江	鸡西	7.30	3.13	★★★★	★★★★	☆☆☆☆
黑龙江	双鸭山	14.54	3.87	★★★	★★★★★	☆☆☆☆
黑龙江	佳木斯	12.93	3.51	★★★	★★★★★	☆☆☆☆
黑龙江	牡丹江	7.42	3.51	★★★★	★★★★★	☆☆☆☆
黑龙江	绥化	2.65	1.96	★★★★★	★★★	☆☆☆☆
江苏	宿迁	4.41	3.23	★★★★	★★★★	☆☆☆☆
浙江	湖州	12.28	5.75	★★★	★★★★★	☆☆☆☆
浙江	衢州	16.60	4.58	★★★	★★★★★	☆☆☆☆
浙江	丽水	5.64	4.22	★★★★	★★★★★	☆☆☆☆
安徽	蚌埠	4.10	2.81	★★★★	★★★★	☆☆☆☆
安徽	淮北	9.04	2.93	★★★★	★★★★	☆☆☆☆
安徽	铜陵	45.77	8.58	★★★	★★★★★	☆☆☆☆
安徽	黄山	2.89	3.13	★★★★★	★★★★	☆☆☆☆
安徽	滁州	3.97	2.47	★★★★	★★★★	☆☆☆☆
安徽	阜阳	2.75	1.27	★★★★★	★★★	☆☆☆☆

分类相对评估—综合实力—五、六线

省级单位	城市名称	人均排放 /t	人均 GDP/ 万元	人均排放 星级	人均 GDP 星级	城市低碳发展程度
安徽	宿州	2.68	1.71	★★★★★	★★★	☆☆☆☆
安徽	六安	3.62	1.64	★★★★★	★★★	☆☆☆☆
安徽	亳州	2.01	1.48	★★★★★	★★★	☆☆☆☆
安徽	宣城	8.04	2.99	★★★★	★★★★	☆☆☆☆
福建	三明	13.31	5.33	★★★	★★★★★	☆☆☆☆
福建	南平	6.21	3.76	★★★★	★★★★★	☆☆☆☆
福建	宁德	5.78	3.81	★★★★	★★★★★	☆☆☆☆
江西	景德镇	9.34	3.96	★★★★	★★★★★	☆☆☆☆
江西	萍乡	10.35	3.95	★★★	★★★★★	☆☆☆☆
江西	新余	18.02	7.29	★★★	★★★★★	☆☆☆☆
江西	鹰潭	7.12	4.29	★★★★	★★★★★	☆☆☆☆
江西	吉安	2.67	2.09	★★★★★	★★★	☆☆☆☆
江西	抚州	1.86	2.11	★★★★★	★★★	☆☆☆☆
江西	上饶	3.03	1.92	★★★★★	★★★	☆☆☆☆
山东	枣庄	13.66	4.57	★★★	★★★★★	☆☆☆☆
山东	莱芜	32.33	4.86	★★★	★★★★★	☆☆☆☆
山东	德州	7.66	4.01	★★★★	★★★★★	☆☆☆☆
河南	开封	4.73	3.09	★★★★	★★★★	☆☆☆☆
河南	安阳	7.84	3.03	★★★★	★★★★	☆☆☆☆
河南	焦作	11.01	4.38	★★★	★★★★★	☆☆☆☆
河南	濮阳	3.18	2.75	★★★★★	★★★★	☆☆☆☆

分类相对评估—综合实力—五、六线

省级单位	城市名称	人均排放 /t	人均 GDP/万元	人均排放星级	人均 GDP星级	城市低碳发展程度
河南	许昌	6.45	3.98	★★★★	★★★★★	☆☆☆☆
河南	漯河	3.93	3.13	★★★★★	★★★★	☆☆☆☆
河南	三门峡	15.97	5.05	★★★	★★★★★	☆☆☆☆
河南	信阳	2.47	2.29	★★★★★	★★★	☆☆☆☆
河南	周口	1.61	1.76	★★★★★	★★★	☆☆☆☆
河南	驻马店	2.71	1.90	★★★★★	★★★	☆☆☆☆
湖北	黄石	11.51	4.28	★★★	★★★★★	☆☆☆☆
湖北	十堰	2.89	2.86	★★★★★	★★★★	☆☆☆☆
湖北	鄂州	17.53	5.34	★★★	★★★★★	☆☆☆☆
湖北	荆门	7.85	3.78	★★★★	★★★★★	☆☆☆☆
湖北	孝感	3.61	2.30	★★★★★	★★★	☆☆☆☆
湖北	荆州	2.38	2.10	★★★★★	★★★	☆☆☆☆
湖北	黄冈	3.01	1.94	★★★★★	★★★	☆☆☆☆
湖北	咸宁	3.94	3.09	★★★★★	★★★★	☆☆☆☆
湖北	随州	1.68	2.73	★★★★★	★★★★	☆☆☆☆
湖南	邵阳	2.35	1.45	★★★★★	★★★	☆☆☆☆
湖南	张家界	2.42	2.29	★★★★★	★★★	☆☆☆☆
湖南	益阳	3.07	2.37	★★★★★	★★★★	☆☆☆☆
湖南	永州	2.35	2.04	★★★★★	★★★	☆☆☆☆
湖南	怀化	2.15	2.11	★★★★★	★★★	☆☆☆☆
湖南	娄底	9.32	2.65	★★★★	★★★★	☆☆☆☆

分类相对评估—综合实力—五、六线

省级单位	城市名称	人均排放 /t	人均 GDP/ 万元	人均排放 星级	人均 GDP 星级	城市低碳发 展程度
广东	韶关	8.84	3.21	★★★★	★★★★	☆☆☆☆
广东	湛江	2.21	2.73	★★★★★	★★★★	☆☆☆☆
广东	茂名	2.74	3.33	★★★★★	★★★★	☆☆☆☆
广东	汕尾	0.80	2.08	★★★★★	★★★	☆☆☆☆
广东	河源	3.49	2.09	★★★★★	★★★	☆☆☆☆
广东	阳江	4.49	3.66	★★★★	★★★★★	☆☆☆☆
广东	揭阳	1.92	2.37	★★★★★	★★★	☆☆☆☆
广西	梧州	1.77	2.89	★★★★★	★★★★	☆☆☆☆
广西	防城港	12.60	5.12	★★★	★★★★★	☆☆☆☆
广西	玉林	3.08	2.01	★★★★★	★★★	☆☆☆☆
广西	贺州	4.92	2.52	★★★★	★★★★	☆☆☆☆
广西	河池	1.69	1.46	★★★★★	★★★	☆☆☆☆
广西	来宾	7.79	2.45	★★★★	★★★★	☆☆☆☆
广西	崇左	4.38	2.66	★★★★	★★★★	☆☆☆☆
四川	自贡	3.20	3.30	★★★★★	★★★★	☆☆☆☆
四川	攀枝花	40.64	6.10	★★★	★★★★★	☆☆☆☆
四川	泸州	4.08	2.44	★★★★	★★★★	☆☆☆☆
四川	德阳	4.17	3.54	★★★★	★★★★★	☆☆☆☆
四川	遂宁	1.50	2.10	★★★★★	★★★	☆☆☆☆
四川	内江	8.08	2.64	★★★★	★★★★	☆☆☆☆
四川	乐山	8.21	3.21	★★★★	★★★★	☆☆☆☆

分类相对评估—综合实力—五、六线

省级单位	城市名称	人均排放 /t	人均 GDP/万元	人均排放星级	人均 GDP星级	城市低碳发展程度
四川	南充	1.41	1.88	★★★★★	★★★	☆☆☆☆
四川	眉山	3.52	2.63	★★★★★	★★★★	☆☆☆☆
四川	宜宾	7.31	2.78	★★★★	★★★★	☆☆☆☆
四川	广安	6.11	2.35	★★★★	★★★★	☆☆☆☆
四川	雅安	3.29	2.64	★★★★★	★★★★	☆☆☆☆
四川	巴中	1.29	1.19	★★★★★	★★★	☆☆☆☆
四川	资阳	1.90	2.69	★★★★★	★★★★	☆☆☆☆
贵州	遵义	3.54	2.22	★★★★★	★★★	☆☆☆☆
贵州	铜仁	3.48	2.86	★★★★★	★★★★	☆☆☆☆
云南	玉溪	5.91	4.34	★★★★	★★★★★	☆☆☆☆
云南	保山	1.95	1.56	★★★★★	★★★	☆☆☆☆
云南	昭通	2.42	1.07	★★★★★	★★★	☆☆☆☆
云南	普洱	1.95	1.44	★★★★★	★★★	☆☆☆☆
云南	临沧	1.54	1.45	★★★★★	★★★	☆☆☆☆
陕西	宝鸡	6.91	3.70	★★★★	★★★★★	☆☆☆☆
陕西	延安	7.27	5.81	★★★★	★★★★★	☆☆☆☆
陕西	安康	2.31	1.89	★★★★★	★★★	☆☆☆☆
陕西	商洛	3.54	1.81	★★★★★	★★★	☆☆☆☆
甘肃	嘉峪关	84.45	11.61	★★★	★★★★★	☆☆☆☆
甘肃	金昌	38.60	5.25	★★★	★★★★★	☆☆☆☆
甘肃	天水	3.73	1.27	★★★★★	★★★	☆☆☆☆

分类相对评估—综合实力—五、六线

省级单位	城市名称	人均排放/t	人均GDP/万元	人均排放星级	人均GDP星级	城市低碳发展程度
甘肃	武威	2.25	1.88	★★★★★	★★★	☆☆☆☆
甘肃	张掖	6.31	2.43	★★★★	★★★★	☆☆☆☆
甘肃	酒泉	7.06	5.23	★★★★	★★★★★	☆☆☆☆
甘肃	庆阳	3.44	2.39	★★★★★	★★★★	☆☆☆☆
甘肃	定西	2.90	0.83	★★★★★	★★★	☆☆☆☆
甘肃	陇南	2.58	0.88	★★★★★	★★★	☆☆☆☆
宁夏	石嘴山	76.63	5.65	★★★	★★★★★	☆☆☆☆
新疆	克拉玛依	43.34	20.73	★★★	★★★★★	☆☆☆☆
河北	张家口	11.59	2.84	★★★	★★★★	☆☆☆
山西	晋中	13.94	3.04	★★★	★★★★	☆☆☆
山西	忻州	12.81	2.02	★★★	★★★	☆☆☆
山西	临汾	25.43	2.83	★★★	★★★★	☆☆☆
山西	吕梁	11.58	3.30	★★★	★★★★	☆☆☆
辽宁	阜新	12.36	3.08	★★★	★★★★	☆☆☆
辽宁	葫芦岛	11.57	2.74	★★★	★★★★	☆☆☆
黑龙江	齐齐哈尔	6.98	2.19	★★★★	★★★	☆☆☆
黑龙江	鹤岗	11.36	3.38	★★★	★★★★	☆☆☆
黑龙江	伊春	6.58	2.26	★★★★	★★★	☆☆☆
黑龙江	七台河	83.15	3.25	★★★	★★★★	☆☆☆
黑龙江	黑河	5.99	2.19	★★★★	★★★	☆☆☆
安徽	淮南	23.37	3.35	★★★	★★★★	☆☆☆

分类相对评估—综合实力—五、六线

省级单位	城市名称	人均排放 /t	人均GDP/万元	人均排放星级	人均GDP星级	城市低碳发展程度
安徽	池州	14.01	2.98	★★★	★★★★	☆☆☆
江西	宜春	5.34	2.30	★★★★	★★★	☆☆☆
山东	菏泽	4.96	2.16	★★★★	★★★	☆☆☆
河南	鹤壁	20.77	3.48	★★★	★★★★	☆☆☆
河南	商丘	8.00	1.90	★★★★	★★★	☆☆☆
广东	梅州	7.10	1.76	★★★★	★★★	☆☆☆
广东	清远	11.80	2.77	★★★	★★★★	☆☆☆
广东	云浮	8.22	2.24	★★★★	★★★	☆☆☆
广西	钦州	4.87	2.24	★★★★	★★★	☆☆☆
广西	贵港	7.03	1.65	★★★★	★★★	☆☆☆
广西	百色	6.57	2.18	★★★★	★★★	☆☆☆
四川	广元	4.38	1.89	★★★★	★★★	☆☆☆
四川	达州	7.18	2.08	★★★★	★★★	☆☆☆
贵州	六盘水	17.14	2.64	★★★	★★★★	☆☆☆
贵州	安顺	6.41	1.60	★★★★	★★★	☆☆☆
贵州	毕节	7.67	0.73	★★★★	★★★	☆☆☆
云南	曲靖	12.01	2.39	★★★	★★★★	☆☆☆
云南	丽江	5.44	1.71	★★★★	★★★	☆☆☆
陕西	铜川	18.78	3.28	★★★	★★★★	☆☆☆
陕西	渭南	13.04	2.18	★★★	★★★	☆☆☆
陕西	汉中	4.99	2.21	★★★★	★★★	☆☆☆

分类相对评估—综合实力—五、六线

省级单位	城市名称	人均排放 /t	人均GDP/万元	人均排放星级	人均GDP星级	城市低碳发展程度
甘肃	白银	11.61	2.54	★★★	★★★★	☆☆☆
甘肃	平凉	15.50	1.57	★★★	★★★	☆☆☆
宁夏	吴忠	29.82	2.84	★★★	★★★★	☆☆☆
宁夏	固原	8.17	1.29	★★★★	★★★	☆☆☆
宁夏	中卫	17.78	2.32	★★★	★★★	☆☆☆

分类相对评估—气候条件—气候 A

省级单位	城市名称	人均排放 /t	人均 GDP/万元	人均排放星级	人均 GDP星级	城市低碳发展程度
福建	福州	3.38	5.92	★★★★★	★★★★★	★★★★★
湖南	长沙	3.65	9.09	★★★★★	★★★★★	★★★★★
广东	深圳	2.00	12.50	★★★★★	★★★★★	★★★★★
浙江	宁波	11.55	8.65	★★★	★★★★★	☆☆☆☆
浙江	温州	4.64	4.02	★★★★	★★★★	☆☆☆☆
浙江	金华	7.46	5.06	★★★	★★★★★	☆☆☆☆
浙江	衢州	16.60	4.58	★★★	★★★★★	☆☆☆☆
浙江	舟山	5.03	7.61	★★★★	★★★★★	☆☆☆☆
浙江	台州	5.35	4.88	★★★★	★★★★★	☆☆☆☆
浙江	丽水	5.64	4.22	★★★★	★★★★★	☆☆☆☆
福建	厦门	6.37	7.97	★★★★	★★★★★	☆☆☆☆
福建	莆田	3.96	4.32	★★★★	★★★★★	☆☆☆☆
福建	三明	13.31	5.33	★★★	★★★★★	☆☆☆☆
福建	泉州	7.04	5.79	★★★★	★★★★★	☆☆☆☆
福建	漳州	5.56	4.18	★★★★	★★★★★	☆☆☆☆
福建	南平	6.21	3.76	★★★★	★★★★	☆☆☆☆
福建	龙岩	13.32	5.30	★★★	★★★★★	☆☆☆☆
福建	宁德	5.78	3.81	★★★★	★★★★	☆☆☆☆
江西	鹰潭	7.12	4.29	★★★	★★★★★	☆☆☆☆
江西	赣州	2.21	1.80	★★★★★	★★★	☆☆☆☆
江西	吉安	2.67	2.09	★★★★★	★★★	☆☆☆☆

分类相对评估—气候条件—气候 A

省级单位	城市名称	人均排放 /t	人均 GDP/ 万元	人均排放 星级	人均 GDP 星级	城市低碳 发展程度
江西	抚州	1.86	2.11	★★★★★	★★★	☆☆☆☆
江西	上饶	3.03	1.92	★★★★★	★★★	☆☆☆☆
湖北	黄石	11.51	4.28	★★★	★★★★★	☆☆☆☆
湖北	鄂州	17.53	5.34	★★★	★★★★★	☆☆☆☆
湖南	张家界	2.42	2.29	★★★★★	★★★	☆☆☆☆
湖南	郴州	5.01	3.31	★★★★	★★★★	☆☆☆☆
湖南	永州	2.35	2.04	★★★★★	★★★	☆☆☆☆
广东	广州	11.29	10.67	★★★	★★★★★	☆☆☆☆
广东	珠海	12.22	9.62	★★★	★★★★★	☆☆☆☆
广东	汕头	4.43	2.64	★★★★	★★★	☆☆☆☆
广东	佛山	9.77	9.19	★★★	★★★★★	☆☆☆☆
广东	江门	4.18	4.22	★★★★	★★★★★	☆☆☆☆
广东	湛江	2.21	2.73	★★★★★	★★★	☆☆☆☆
广东	茂名	2.74	3.33	★★★★★	★★★	☆☆☆☆
广东	肇庆	6.60	3.73	★★★★	★★★★	☆☆☆☆
广东	惠州	7.53	5.15	★★★	★★★★★	☆☆☆☆
广东	汕尾	0.80	2.08	★★★★★	★★★	☆☆☆☆
广东	河源	3.49	2.09	★★★★★	★★★	☆☆☆☆
广东	阳江	4.49	3.66	★★★★	★★★★	☆☆☆☆
广东	东莞	9.48	6.09	★★★	★★★★★	☆☆☆☆
广东	中山	5.91	7.82	★★★★	★★★★★	☆☆☆☆

分类相对评估—气候条件—气候 A

省级单位	城市名称	人均排放 /t	人均 GDP/万元	人均排放星级	人均 GDP星级	城市低碳发展程度
广东	揭阳	1.92	2.37	★★★★★	★★★	☆☆☆☆
广西	南宁	3.25	3.76	★★★★★	★★★★	☆☆☆☆
广西	柳州	9.35	4.84	★★★	★★★★★	☆☆☆☆
广西	桂林	3.25	3.13	★★★★★	★★★	☆☆☆☆
广西	梧州	1.77	2.89	★★★★★	★★★	☆☆☆☆
广西	北海	2.39	4.09	★★★★★	★★★	☆☆☆☆
广西	防城港	12.60	5.12	★★★	★★★★★	☆☆☆☆
广西	玉林	3.08	2.01	★★★★★	★★★	☆☆☆☆
广西	河池	1.69	1.46	★★★★★	★★★	☆☆☆☆
广西	崇左	4.38	2.66	★★★★	★★★★	☆☆☆☆
海南	海口	3.78	4.00	★★★★★	★★★★	☆☆☆☆
海南	三亚	4.84	4.83	★★★★	★★★★★	☆☆☆☆
重庆	重庆	6.98	3.13	★★★★	★★★★	☆☆☆☆
四川	成都	4.10	5.79	★★★★	★★★★★	☆☆☆☆
四川	自贡	3.20	3.30	★★★★★	★★★★	☆☆☆☆
四川	攀枝花	40.64	6.10	★★★	★★★★★	☆☆☆☆
四川	德阳	4.17	3.54	★★★★	★★★★	☆☆☆☆
四川	绵阳	4.14	2.92	★★★★	★★★★	☆☆☆☆
四川	遂宁	1.50	2.10	★★★★★	★★★	☆☆☆☆
四川	南充	1.41	1.88	★★★★★	★★★	☆☆☆☆
四川	眉山	3.52	2.63	★★★★★	★★★★	☆☆☆☆

分类相对评估—气候条件—气候 A

省级单位	城市名称	人均排放 /t	人均 GDP/ 万元	人均排放 星级	人均 GDP 星级	城市低碳 发展程度
四川	雅安	3.29	2.64	★★★★★	★★★★	☆☆☆☆
四川	巴中	1.29	1.19	★★★★★	★★★	☆☆☆☆
四川	资阳	1.90	2.69	★★★★★	★★★★	☆☆☆☆
云南	昆明	8.89	4.68	★★★	★★★★★	☆☆☆☆
云南	玉溪	5.91	4.34	★★★★	★★★★★	☆☆☆☆
云南	保山	1.95	1.56	★★★★★	★★★	☆☆☆☆
云南	昭通	2.42	1.07	★★★★★	★★★	☆☆☆☆
云南	普洱	1.95	1.44	★★★★★	★★★	☆☆☆☆
云南	临沧	1.54	1.45	★★★★★	★★★	☆☆☆☆
安徽	淮南	23.37	3.35	★★★	★★★★	☆☆☆
江西	景德镇	9.34	3.96	★★★	★★★★	☆☆☆
江西	萍乡	10.35	3.95	★★★	★★★★	☆☆☆
湖北	荆门	7.85	3.78	★★★	★★★★	☆☆☆
广东	韶关	8.84	3.21	★★★	★★★★	☆☆☆
广东	梅州	7.10	1.76	★★★	★★★	☆☆☆
广东	清远	11.80	2.77	★★★	★★★★	☆☆☆
广东	潮州	7.27	2.65	★★★	★★★★	☆☆☆
广东	云浮	8.22	2.24	★★★	★★★	☆☆☆
广西	钦州	4.87	2.24	★★★★	★★★	☆☆☆
广西	贵港	7.03	1.65	★★★★	★★★	☆☆☆
广西	百色	6.57	2.18	★★★★	★★★	☆☆☆

分类相对评估—气候条件—气候 A

省级单位	城市名称	人均排放 /t	人均GDP/万元	人均排放星级	人均GDP星级	城市低碳发展程度
广西	贺州	4.92	2.52	★★★★	★★★	☆☆☆
广西	来宾	7.79	2.45	★★★	★★★	☆☆☆
四川	泸州	4.08	2.44	★★★★	★★★	☆☆☆
四川	广元	4.38	1.89	★★★★	★★★	☆☆☆
四川	内江	8.08	2.64	★★★	★★★★	☆☆☆
四川	宜宾	7.31	2.78	★★★	★★★★	☆☆☆
四川	广安	6.11	2.35	★★★★	★★★	☆☆☆
四川	达州	7.18	2.08	★★★	★★★	☆☆☆
贵州	贵阳	9.83	3.96	★★★	★★★★	☆☆☆
贵州	安顺	6.41	1.60	★★★★	★★★	☆☆☆
云南	曲靖	12.01	2.39	★★★	★★★	☆☆☆
云南	丽江	5.44	1.71	★★★★	★★★	☆☆☆

分类相对评估—气候条件—气候 B

省级单位	城市名称	人均排放 /t	人均 GDP/ 万元	人均排放星级	人均 GDP 星级	城市低碳发展程度
江西	南昌	3.66	5.95	★★★★★	★★★★★	★★★★★
西藏	拉萨	2.36	4.65	★★★★★	★★★★★	★★★★★
上海	上海	11.30	8.86	★★★	★★★★★	☆☆☆☆
江苏	南京	10.86	9.00	★★★	★★★★★	☆☆☆☆
江苏	无锡	11.10	11.87	★★★	★★★★★	☆☆☆☆
江苏	徐州	12.52	4.77	★★★	★★★★★	☆☆☆☆
江苏	常州	12.81	8.64	★★★	★★★★★	☆☆☆☆
江苏	苏州	18.21	13.63	★★★	★★★★★	☆☆☆☆
江苏	南通	5.42	6.26	★★★★	★★★★★	☆☆☆☆
江苏	连云港	3.14	3.65	★★★★★	★★★★	☆☆☆☆
江苏	淮安	5.36	4.00	★★★★	★★★★	☆☆☆☆
江苏	盐城	4.58	4.30	★★★★	★★★★	☆☆☆☆
江苏	扬州	8.28	7.36	★★★★	★★★★★	☆☆☆☆
江苏	镇江	14.95	8.45	★★★	★★★★★	☆☆☆☆
江苏	泰州	8.06	5.85	★★★★	★★★★★	☆☆☆☆
江苏	宿迁	4.41	3.23	★★★★	★★★★	☆☆☆☆
浙江	杭州	9.41	8.97	★★★	★★★★★	☆☆☆☆
浙江	嘉兴	9.82	6.42	★★★	★★★★★	☆☆☆☆
浙江	湖州	12.28	5.75	★★★	★★★★★	☆☆☆☆
浙江	绍兴	10.14	7.44	★★★	★★★★★	☆☆☆☆
安徽	合肥	6.77	5.64	★★★★	★★★★★	☆☆☆☆

分类相对评估—气候条件—气候 B

省级单位	城市名称	人均排放 /t	人均 GDP/ 万元	人均排放 星级	人均 GDP 星级	城市低碳 发展程度
安徽	芜湖	17.31	8.27	★★★	★★★★★	☆☆☆☆
安徽	蚌埠	4.10	2.81	★★★★★	★★★★	☆☆☆☆
安徽	马鞍山	30.94	9.01	★★★	★★★★★	☆☆☆☆
安徽	淮北	9.04	2.93	★★★★	★★★★	☆☆☆☆
安徽	铜陵	45.77	8.58	★★★	★★★★★	☆☆☆☆
安徽	黄山	2.89	3.13	★★★★★	★★★★	☆☆☆☆
安徽	滁州	3.97	2.47	★★★★★	★★★	☆☆☆☆
安徽	阜阳	2.75	1.27	★★★★★	★★★	☆☆☆☆
安徽	宿州	2.68	1.71	★★★★★	★★★	☆☆☆☆
安徽	六安	3.62	1.64	★★★★★	★★★	☆☆☆☆
安徽	亳州	2.01	1.48	★★★★★	★★★	☆☆☆☆
安徽	宣城	8.04	2.99	★★★★	★★★★	☆☆☆☆
江西	九江	4.96	3.00	★★★★	★★★★	☆☆☆☆
江西	新余	18.02	7.29	★★★	★★★★★	☆☆☆☆
山东	济南	9.57	7.05	★★★	★★★★★	☆☆☆☆
山东	枣庄	13.66	4.57	★★★	★★★★★	☆☆☆☆
山东	泰安	6.00	4.64	★★★★	★★★★★	☆☆☆☆
山东	日照	14.63	4.83	★★★	★★★★★	☆☆☆☆
山东	莱芜	32.33	4.86	★★★	★★★★★	☆☆☆☆
山东	临沂	7.78	3.00	★★★★	★★★★	☆☆☆☆
山东	聊城	6.41	3.71	★★★★	★★★★	☆☆☆☆

分类相对评估—气候条件—气候 B

省级单位	城市名称	人均排放 /t	人均 GDP/万元	人均排放星级	人均 GDP星级	城市低碳发展程度
河南	郑州	9.16	6.43	★★★★	★★★★★	☆☆☆☆
河南	开封	4.73	3.09	★★★★	★★★★	☆☆☆☆
河南	安阳	7.84	3.03	★★★★	★★★★	☆☆☆☆
河南	新乡	6.54	2.84	★★★★	★★★★	☆☆☆☆
河南	濮阳	3.18	2.75	★★★★★	★★★	☆☆☆☆
河南	许昌	6.45	3.98	★★★★	★★★★	☆☆☆☆
河南	漯河	3.93	3.13	★★★★★	★★★★	☆☆☆☆
河南	三门峡	15.97	5.05	★★★	★★★★★	☆☆☆☆
河南	南阳	3.04	2.28	★★★★★	★★★	☆☆☆☆
河南	信阳	2.47	2.29	★★★★★	★★★	☆☆☆☆
河南	周口	1.61	1.76	★★★★★	★★★	☆☆☆☆
河南	驻马店	2.71	1.90	★★★★★	★★★	☆☆☆☆
湖北	武汉	7.33	8.18	★★★★	★★★★★	☆☆☆☆
湖北	十堰	2.89	2.86	★★★★★	★★★★	☆☆☆☆
湖北	宜昌	8.25	6.18	★★★★	★★★★★	☆☆☆☆
湖北	襄阳	4.70	4.55	★★★★	★★★★	☆☆☆☆
湖北	孝感	3.61	2.30	★★★★★	★★★	☆☆☆☆
湖北	荆州	2.38	2.10	★★★★★	★★★	☆☆☆☆
湖北	黄冈	3.01	1.94	★★★★★	★★★	☆☆☆☆
湖北	咸宁	3.94	3.09	★★★★★	★★★★	☆☆☆☆
湖北	随州	1.68	2.73	★★★★★	★★★	☆☆☆☆

分类相对评估—气候条件—气候 B

省级单位	城市名称	人均排放 /t	人均 GDP/ 万元	人均排放 星级	人均 GDP 星级	城市低碳 发展程度
湖南	株洲	4.54	4.57	★★★★	★★★★	☆☆☆☆
湖南	湘潭	9.09	4.66	★★★★	★★★★★	☆☆☆☆
湖南	衡阳	2.91	2.74	★★★★★	★★★	☆☆☆☆
湖南	邵阳	2.35	1.45	★★★★★	★★★	☆☆☆☆
湖南	岳阳	4.74	4.02	★★★★	★★★★	☆☆☆☆
湖南	常德	3.47	3.57	★★★★★	★★★★	☆☆☆☆
湖南	益阳	3.07	2.37	★★★★★	★★★	☆☆☆☆
湖南	怀化	2.15	2.11	★★★★★	★★★	☆☆☆☆
四川	乐山	8.21	3.21	★★★★	★★★★	☆☆☆☆
贵州	遵义	3.54	2.22	★★★★★	★★★	☆☆☆☆
贵州	铜仁	3.48	2.86	★★★★★	★★★★	☆☆☆☆
陕西	西安	4.43	5.16	★★★★	★★★★★	☆☆☆☆
陕西	安康	2.31	1.89	★★★★★	★★★	☆☆☆☆
陕西	商洛	3.54	1.81	★★★★★	★★★	☆☆☆☆
甘肃	陇南	2.58	0.88	★★★★★	★★★	☆☆☆☆
河北	邯郸	13.58	3.30	★★★	★★★★	☆☆☆
山西	运城	19.90	2.08	★★★	★★★	☆☆☆
安徽	安庆	5.21	2.56	★★★★	★★★	☆☆☆
安徽	池州	14.01	2.98	★★★	★★★★	☆☆☆
江西	宜春	5.34	2.30	★★★★	★★★	☆☆☆
山东	济宁	11.27	3.95	★★★	★★★★	☆☆☆

分类相对评估—气候条件—气候 B

省级单位	城市名称	人均排放 /t	人均 GDP/ 万元	人均排放 星级	人均 GDP 星级	城市低碳 发展程度
山东	菏泽	4.96	2.16	★★★★	★★★	☆☆☆
河南	洛阳	9.82	4.55	★★★	★★★★	☆☆☆
河南	平顶山	27.86	3.05	★★★	★★★★	☆☆☆
河南	鹤壁	20.77	3.48	★★★	★★★★	☆☆☆
河南	焦作	11.01	4.38	★★★	★★★★	☆☆☆
河南	商丘	8.00	1.90	★★★★	★★★	☆☆☆
湖南	娄底	9.32	2.65	★★★	★★★	☆☆☆
贵州	六盘水	17.14	2.64	★★★	★★★	☆☆☆
贵州	毕节	7.67	0.73	★★★★	★★★	☆☆☆
陕西	铜川	18.78	3.28	★★★	★★★★	☆☆☆
陕西	渭南	13.04	2.18	★★★	★★★	☆☆☆
陕西	汉中	4.99	2.21	★★★★	★★★	☆☆☆

分类相对评估—气候条件—气候 C

省级单位	城市名称	人均排放 /t	人均GDP/万元	人均排放星级	人均GDP星级	城市低碳发展程度
辽宁	沈阳	8.20	8.15	★★★★★	★★★★★	★★★★★
吉林	长春	7.67	5.81	★★★★★	★★★★★	★★★★★
吉林	松原	6.62	5.57	★★★★★	★★★★★	★★★★★
山东	青岛	6.23	8.38	★★★★★	★★★★★	★★★★★
山东	烟台	7.91	7.58	★★★★★	★★★★★	★★★★★
陕西	延安	7.27	5.81	★★★★★	★★★★★	★★★★★
北京	北京	8.61	8.61	★★★★	★★★★★	☆☆☆☆
天津	天津	13.90	11.10	★★★★	★★★★★	☆☆☆☆
河北	石家庄	9.55	4.43	★★★★	★★★★	☆☆☆☆
河北	唐山	29.14	7.74	★★★	★★★★★	☆☆☆☆
河北	秦皇岛	8.58	3.81	★★★★★	★★★★	☆☆☆☆
河北	保定	4.97	2.43	★★★★★	★★★	☆☆☆☆
河北	承德	8.62	3.40	★★★★	★★★★	☆☆☆☆
河北	沧州	3.82	3.94	★★★★★	★★★★	☆☆☆☆
河北	廊坊	8.80	4.12	★★★★	★★★★	☆☆☆☆
河北	衡水	4.61	2.33	★★★★★	★★★	☆☆☆☆
山西	太原	23.85	5.50	★★★	★★★★★	☆☆☆☆
山西	阳泉	15.95	4.40	★★★★	★★★★	☆☆☆☆
山西	朔州	28.05	5.87	★★★	★★★★★	☆☆☆☆
内蒙古	呼和浩特	23.80	8.58	★★★	★★★★★	☆☆☆☆
内蒙古	包头	28.14	12.11	★★★	★★★★★	☆☆☆☆

分类相对评估—气候条件—气候 C

省级单位	城市名称	人均排放 /t	人均 GDP/ 万元	人均排放 星级	人均 GDP 星级	城市低碳 发展程度
内蒙古	乌海	63.65	9.98	★★★	★★★★★	☆☆☆☆
内蒙古	赤峰	10.69	3.59	★★★★	★★★★	☆☆☆☆
内蒙古	鄂尔多斯	82.82	18.84	★★★	★★★★★	☆☆☆☆
内蒙古	巴彦淖尔	14.81	4.69	★★★★	★★★★	☆☆☆☆
辽宁	大连	14.33	10.47	★★★★	★★★★★	☆☆☆☆
辽宁	鞍山	18.10	6.66	★★★	★★★★★	☆☆☆☆
辽宁	抚顺	18.80	5.78	★★★	★★★★★	☆☆☆☆
辽宁	本溪	27.84	6.51	★★★	★★★★★	☆☆☆☆
辽宁	丹东	5.85	4.15	★★★★★	★★★★	☆☆☆☆
辽宁	锦州	7.67	3.97	★★★★★	★★★★	☆☆☆☆
辽宁	营口	15.69	5.69	★★★★	★★★★★	☆☆☆☆
辽宁	盘锦	23.48	8.94	★★★	★★★★★	☆☆☆☆
辽宁	铁岭	13.88	3.59	★★★★	★★★★	☆☆☆☆
辽宁	朝阳	6.68	3.02	★★★★★	★★★	☆☆☆☆
吉林	吉林	15.44	5.51	★★★★	★★★★★	☆☆☆☆
吉林	辽源	13.39	5.14	★★★★	★★★★	☆☆☆☆
吉林	通化	11.53	3.79	★★★★	★★★★	☆☆☆☆
吉林	白山	16.64	4.96	★★★★	★★★★	☆☆☆☆
吉林	白城	6.64	3.03	★★★★★	★★★	☆☆☆☆
黑龙江	哈尔滨	6.46	4.28	★★★★★	★★★★	☆☆☆☆
黑龙江	齐齐哈尔	6.98	2.19	★★★★★	★★★	☆☆☆☆

分类相对评估—气候条件—气候 C

省级单位	城市名称	人均排放 /t	人均 GDP/万元	人均排放星级	人均 GDP 星级	城市低碳发展程度
黑龙江	鸡西	7.30	3.13	★★★★★	★★★	☆☆☆☆
黑龙江	双鸭山	14.54	3.87	★★★★	★★★★	☆☆☆☆
黑龙江	大庆	21.70	13.78	★★★	★★★★★	☆☆☆☆
黑龙江	伊春	6.58	2.26	★★★★★	★★★	☆☆☆☆
黑龙江	佳木斯	12.93	3.51	★★★★	★★★★	☆☆☆☆
黑龙江	牡丹江	7.42	3.51	★★★★★	★★★★	☆☆☆☆
黑龙江	黑河	5.99	2.19	★★★★★	★★★	☆☆☆☆
黑龙江	绥化	2.65	1.96	★★★★★	★★★	☆☆☆☆
山东	淄博	20.36	7.85	★★★	★★★★★	☆☆☆☆
山东	东营	25.41	14.74	★★★	★★★★★	☆☆☆☆
山东	潍坊	8.46	4.42	★★★★★	★★★★	☆☆☆☆
山东	威海	10.07	8.34	★★★★	★★★★★	☆☆☆☆
山东	德州	7.66	4.01	★★★★★	★★★★	☆☆☆☆
山东	滨州	11.48	5.30	★★★★	★★★★	☆☆☆☆
陕西	宝鸡	6.91	3.70	★★★★★	★★★★	☆☆☆☆
陕西	咸阳	6.56	3.09	★★★★★	★★★	☆☆☆☆
陕西	榆林	32.11	7.97	★★★	★★★★★	☆☆☆☆
甘肃	兰州	10.19	4.32	★★★★	★★★★	☆☆☆☆
甘肃	嘉峪关	84.45	11.61	★★★	★★★★★	☆☆☆☆
甘肃	天水	3.73	1.27	★★★★★	★★★	☆☆☆☆
甘肃	武威	2.25	1.88	★★★★★	★★★	☆☆☆☆

分类相对评估—气候条件—气候 C

省级单位	城市名称	人均排放 /t	人均 GDP/ 万元	人均排放 星级	人均 GDP 星级	城市低碳 发展程度
甘肃	张掖	6.31	2.43	★★★★★	★★★	☆☆☆☆
甘肃	酒泉	7.06	5.23	★★★★★	★★★★	☆☆☆☆
甘肃	庆阳	3.44	2.39	★★★★★	★★★	☆☆☆☆
甘肃	定西	2.90	0.83	★★★★★	★★★	☆☆☆☆
青海	西宁	12.71	3.85	★★★★	★★★★	☆☆☆☆
宁夏	银川	41.81	5.77	★★★	★★★★★	☆☆☆☆
宁夏	石嘴山	76.63	5.65	★★★	★★★★★	☆☆☆☆
宁夏	固原	8.17	1.29	★★★★★	★★★	☆☆☆☆
新疆	乌鲁木齐	16.97	6.43	★★★	★★★★★	☆☆☆☆
新疆	克拉玛依	43.34	20.73	★★★	★★★★★	☆☆☆☆
河北	邢台	9.21	2.16	★★★★	★★★	☆☆☆
河北	张家口	11.59	2.84	★★★★	★★★	☆☆☆
山西	大同	21.95	3.31	★★★	★★★	☆☆☆
山西	长治	37.39	3.98	★★★	★★★★	☆☆☆
山西	晋城	18.69	4.44	★★★	★★★★	☆☆☆
山西	晋中	13.94	3.04	★★★★	★★★	☆☆☆
山西	忻州	12.81	2.02	★★★★	★★★	☆☆☆
山西	临汾	25.43	2.83	★★★	★★★	☆☆☆
山西	吕梁	11.58	3.30	★★★★	★★★	☆☆☆
内蒙古	通辽	19.83	5.39	★★★	★★★★	☆☆☆
内蒙古	呼伦贝尔	25.21	5.24	★★★	★★★★	☆☆☆

分类相对评估—气候条件—气候 C

省级单位	城市名称	人均排放 /t	人均 GDP/ 万元	人均排放 星级	人均 GDP 星级	城市低碳 发展程度
内蒙古	乌兰察布	22.79	3.63	★★★	★★★★	☆☆☆
辽宁	阜新	12.36	3.08	★★★★	★★★	☆☆☆
辽宁	辽阳	22.22	5.38	★★★	★★★★	☆☆☆
辽宁	葫芦岛	11.57	2.74	★★★★	★★★	☆☆☆
吉林	四平	8.74	3.32	★★★★	★★★	☆☆☆
黑龙江	鹤岗	11.36	3.38	★★★★	★★★	☆☆☆
黑龙江	七台河	83.15	3.25	★★★	★★★	☆☆☆
甘肃	金昌	38.60	5.25	★★★	★★★★	☆☆☆
甘肃	白银	11.61	2.54	★★★★	★★★	☆☆☆
甘肃	平凉	15.50	1.57	★★★★	★★★	☆☆☆
宁夏	吴忠	29.82	2.84	★★★	★★★	☆☆☆
宁夏	中卫	17.78	2.32	★★★	★★★	☆☆☆

绝对排名

省级单位	城市名称	综合排序	省级单位	城市名称	综合排序
广东	深圳	1	海南	海口	21
湖南	长沙	2	江苏	海口	22
福建	福州	3	吉林	松原	23
江西	南昌	4	广西	南宁	24
西藏	拉萨	5	安徽	合肥	25
四川	成都	6	福建	泉州	26
浙江	舟山	7	河北	沧州	27
山东	青岛	8	江苏	连云港	28
广东	中山	9	陕西	延安	29
广西	北海	10	浙江	温州	30
江苏	南通	11	山东	泰安	31
福建	厦门	12	湖南	岳阳	32
陕西	西安	13	广东	茂名	33
海南	三亚	14	山东	烟台	34
福建	莆田	15	湖南	常德	35
湖南	株洲	16	云南	玉溪	36
浙江	台州	17	辽宁	沈阳	37
湖北	襄阳	18	吉林	长春	38
湖北	武汉	19	甘肃	酒泉	39
广东	江门	20	浙江	丽水	40

绝对排名

省级单位	城市名称	综合排序	省级单位	城市名称	综合排序
福建	漳州	41	河南	郑州	61
北京	北京	42	江西	鹰潭	62
辽宁	丹东	43	河南	漯河	63
江苏	淮安	44	福建	南平	64
四川	自贡	45	江苏	无锡	65
江苏	扬州	46	江苏	宿迁	66
江苏	泰州	47	山东	威海	67
广东	阳江	48	山东	济南	68
四川	德阳	49	江苏	南京	69
广东	惠州	50	湖北	咸宁	70
湖北	宜昌	51	广东	东莞	71
黑龙江	哈尔滨	52	广东	广州	72
浙江	金华	53	山东	聊城	73
安徽	黄山	54	湖南	郴州	74
浙江	杭州	55	湖北	十堰	75
广西	桂林	56	浙江	嘉兴	76
广东	佛山	57	浙江	绍兴	77
广西	梧州	58	湖北	随州	78
福建	宁德	59	广东	肇庆	79
河南	许昌	60	上海	上海	80

绝对排名

省级单位	城市名称	综合排序	省级单位	城市名称	综合排序
四川	资阳	81	黑龙江	牡丹江	101
山东	德州	82	河北	石家庄	102
广东	湛江	83	河南	洛阳	103
贵州	铜仁	84	重庆	重庆	104
河南	开封	85	陕西	咸阳	105
陕西	宝鸡	86	山东	滨州	106
山东	潍坊	87	河北	秦皇岛	107
云南	昆明	88	江苏	常州	108
浙江	宁波	89	四川	雅安	109
辽宁	锦州	90	广东	揭阳	110
湖南	湘潭	91	四川	眉山	111
湖南	衡阳	92	广西	崇左	112
河南	濮阳	93	甘肃	兰州	113
四川	绵阳	94	江西	景德镇	114
广西	柳州	95	吉林	白城	115
广东	珠海	96	黑龙江	鸡西	116
江西	九江	97	浙江	湖州	117
湖北	荆门	98	辽宁	朝阳	118
安徽	蚌埠	99	河南	焦作	119
河北	廊坊	100	天津	天津	120

绝对排名

省级单位	城市名称	综合排序	省级单位	城市名称	综合排序
广东	汕头	121	安徽	安庆	141
辽宁	大连	122	山东	临沂	142
河北	承德	123	山东	济宁	143
甘肃	庆阳	124	广东	韶关	144
贵州	贵阳	125	江苏	镇江	145
安徽	滁州	126	福建	龙岩	146
湖南	益阳	127	河南	南阳	147
河南	新乡	128	湖北	孝感	148
四川	泸州	129	安徽	宣城	149
吉林	四平	130	吉林	辽源	150
湖南	张家界	131	四川	宜宾	151
江西	萍乡	132	内蒙古	赤峰	152
四川	乐山	133	河北	保定	153
湖北	黄石	134	吉林	通化	154
广西	防城港	135	河北	衡水	155
河南	信阳	136	江西	抚州	156
河南	安阳	137	贵州	遵义	157
江苏	徐州	138	湖南	怀化	158
广西	贺州	139	广东	潮州	159
福建	三明	140	甘肃	张掖	160

绝对排名

省级单位	城市名称	综合排序	省级单位	城市名称	综合排序
山东	枣庄	161	江西	新余	181
四川	遂宁	162	河南	三门峡	182
黑龙江	鹤岗	163	陕西	汉中	183
吉林	吉林	164	辽宁	鞍山	184
安徽	淮北	165	广西	来宾	185
江西	宜春	166	吉林	白山	186
辽宁	营口	167	湖南	永州	187
安徽	芜湖	168	黑龙江	佳木斯	188
湖北	荆州	169	湖北	鄂州	189
四川	广安	170	广东	河源	190
山东	日照	171	浙江	衢州	191
青海	西宁	172	山西	阳泉	192
新疆	乌鲁木齐	173	黑龙江	伊春	193
江苏	苏州	174	山东	菏泽	194
广东	汕尾	175	湖南	娄底	195
广西	钦州	176	黑龙江	黑河	196
内蒙古	巴彦淖尔	177	黑龙江	双鸭山	197
江西	吉安	178	黑龙江	大庆	198
山西	吕梁	179	辽宁	铁岭	199
四川	内江	180	黑龙江	绥化	200

绝对排名

省级单位	城市名称	综合排序	省级单位	城市名称	综合排序
辽宁	阜新	201	山西	晋中	221
山东	淄博	202	内蒙古	呼和浩特	222
广西	玉林	203	辽宁	辽阳	223
辽宁	抚顺	204	山东	东营	224
河北	邯郸	205	江西	赣州	225
黑龙江	齐齐哈尔	206	河南	周口	226
湖北	黄冈	207	安徽	池州	227
广西	百色	208	甘肃	白银	228
河北	张家口	209	四川	广元	229
内蒙古	通辽	210	四川	达州	230
江西	上饶	211	陕西	商洛	231
河南	驻马店	212	山西	太原	232
陕西	安康	213	云南	曲靖	233
四川	南充	214	安徽	宿州	234
辽宁	葫芦岛	215	河北	邢台	235
广东	清远	216	辽宁	本溪	236
山西	晋城	217	内蒙古	呼伦贝尔	237
辽宁	盘锦	218	内蒙古	包头	238
广东	云浮	219	陕西	铜川	239
甘肃	武威	220	河南	鹤壁	240

绝对排名

省级单位	城市名称	综合排序	省级单位	城市名称	综合排序
山西	朔州	241	宁夏	中卫	261
河北	唐山	242	山西	忻州	262
内蒙古	乌兰察布	243	云南	普洱	263
安徽	六安	244	山东	莱芜	264
山西	大同	245	四川	攀枝花	265
云南	保山	246	甘肃	金昌	266
河南	商丘	247	河南	平顶山	267
安徽	马鞍山	248	新疆	克拉玛依	268
贵州	六盘水	249	山西	临汾	269
安徽	淮南	250	宁夏	银川	270
安徽	亳州	251	山西	长治	271
云南	丽江	252	安徽	阜阳	272
广西	河池	253	安徽	铜陵	273
陕西	渭南	254	宁夏	吴忠	274
陕西	榆林	255	四川	巴中	275
广东	梅州	256	内蒙古	乌海	276
湖南	邵阳	257	甘肃	天水	277
云南	临沧	258	山西	运城	278
广西	贵港	259	云南	昭通	279
贵州	安顺	260	宁夏	固原	280

绝对排名

省级单位	城市名称	综合排序
宁夏	石嘴山	281
内蒙古	鄂尔多斯	282
甘肃	平凉	283
甘肃	陇南	284
甘肃	定西	285
甘肃	嘉峪关	286
黑龙江	七台河	287
贵州	毕节	288

第三部分
附录

附录 1：研究方法和数据

一、二氧化碳排放核算方法

借鉴国际上较为成熟和应用广泛的城市二氧化碳排放核算方法，计算城市的范围 1 和范围 2 排放。范围 1 排放是城市边界内的所有直接排放，范围 2 排放是城市由于向外界购买电力、热力等导致的间接排放。范围 1 排放中没有考虑森林及土地利用变化导致的二氧化碳排放和吸收，范围 2 排放仅考虑城市外调电力导致的排放。以下范围 1 排放称为直接排放，范围 2 排放称为间接排放。排放因子主要源自国家发展和改革委员会的《省级温室气体清单编制指南（试行）》，部分排放因子参考《2005 中国温室气体清单研究》，该文献是第二次国家信息通报中排放清单的基础工作，推荐了中国分行业、分能源类型和分燃烧设备的排放因子，数据详尽且较为权威。工业过程排放主要包括水泥、石灰和钢铁过程排放。

直接排放：基于排放源自下而上核算二氧化碳排放，核算方法体系参考《2006 年 IPCC 国家温室气体清单指南》《2005 中国温室气体清单研究》和《省级温室气体清单编制指南（试行）》。

间接排放：采用城市范围内的外调电量乘以城市所在区域电网排放因子。城市外调电量＝城市用电量－城市发电量，当城市外调电量＜ 0，将其取值设为 0。

二、二氧化碳排放 1 km 空间网格建立方法

建立高空间分辨率的二氧化碳排放空间网格数据并基于此研究排放空间特征是国际研究的一个重点和热点，当前欧美等国家和区域都已经自下而上地建立了较为成熟的二氧化碳／温室气体排放方法体系和空间网格。早期空间化的方法主要以人口、经济等数据间接推算二氧化碳排放空间分布，但随着对空间数据精度要求的不断提高及二氧化碳排放监测、报告和核查的更趋严格，基于排放源自下而上实现高质量二氧化碳排放空间数据成为了研究主流和重点。基于排放点源实现空间化方法简单、准确，而且数据的可靠性和实际空间分辨率要远远高于基于替代数据实现的空间化结果。

参考国际主流自下而上的空间化方法，结合中国的实际情况和数据特点，建立基于点排放源自下而上的空间化方法，在点排放源和其他面排放源数据相结合的情况下，实现中国 1 km 二氧化碳排放网格数据及数据的空间精度和不确定性分析方法。点源数据的空间位置精度采用双重控制：排放源经纬度数据和基于 API Geocoding 技术的空间坐标和地址匹配验证。

空间化方法在研究团队前期方法的基础上做了进一步改进和提高。道路交通排放的空间分配充分考虑了道路车流量和道路密度等；农业生活排放基于遥感解译的农村居民点数据和人口密度数据进行分配等，使排放网格数据更加接近真实情况。研究方法和部分成果已经在 "*Environmental Science & Technology*" "*Applied Energy*" "*Global Environmental Change*" "*Energy Policy*" 《中国环境科学》和《环境科学学报》等刊物上发表。

中国 1 km 二氧化碳排放网格数据是中国高空间分辨率网格数据（China High Resolution Emission Gridded Data，CHRED）的核心数据，CHRED 已经更新至 2.0 版本。CHRED V2.0 数据库（http://www.cityghg.com/）包括中国工业企业点排放源基础数据、中国 2012 年 1 km 和 10 km 二氧化碳排放数据（包括工业和工业过程、农业、服务业、城镇生活、农村生活、交通排放）及其他相关空间数据，是采用自下而上方法建立的中国二氧化碳排放高空间分辨率的重要基础数据。

附录1：研究方法和数据

三、长江三角洲地区 1km 排放网格

以长江三角洲地区（简称"长三角地区"）为例，展示长三角地区直接二氧化碳排放 1 km 网格数据。重点城市上海、杭州、南京、宁波、常州等地都是排放的热点地区，个别区域的单位平方千米的排放超过了 10 万 t，而这些高排放网格基本都集中在城市及其周边地区。上海是整个长三角地区的排放中心，其网格排放水平不仅高，而且空间上较为集中。整个长三角地区二氧化碳排放的空间格局可以分为三个梯度：第一级排放梯度以上海为核心，周边城市如常州、无锡、苏州、湖州、嘉兴、杭州、绍兴和宁波等构成了第二级排放梯度，再往外扩形成第三级梯度，第三级排放梯度中除南京、扬州、泰州、徐州、连云港、宿迁、衢州、金华、温州等点状高排放外，其他地区的排放相对较低。

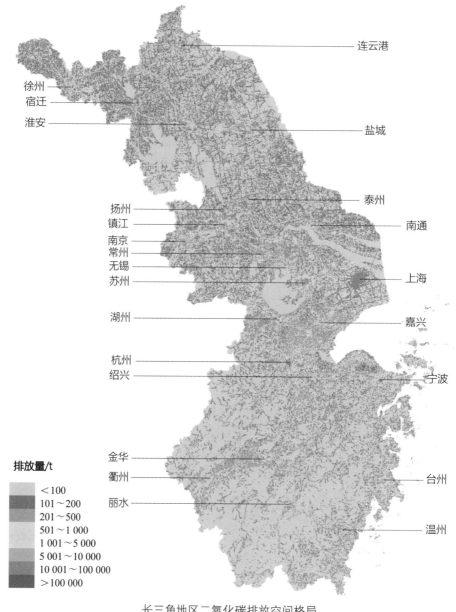

长三角地区二氧化碳排放空间格局

附录 1：研究方法和数据

四、范围

建立中国城市 2012 年二氧化碳排放数据集，城市包括中国地级市和直辖市。根据《中国统计年鉴 2013》，中国 2012 年共有 285 个地级市和四个直辖市，CHRED 数据库没有三沙市数据。因而范围为 284 地级市和四个直辖市，共计 288 个城市。

五、数据来源

基础数据来源见下页表。

六、典型城市排放数据检验

选择当前具有较好能源统计的城市检验空间网格计算的排放数据质量，北京、上海、天津、重庆和广州都已经建立较成体系和完整的能源统计制度和能源数据公开发布制度，可以认为此类地区排放数据质量相对较好。因而，可以基于其一次能源消费量自上而下计算其排放量水平，作为参考水平（reference level）。对比表明，两组数据的整体一致性较好：广州、北京、上海、重庆的数据差异分别为 2%、3%、4% 和 5%，天津的数据差异为 8%。不同城市，由于其能源统计口径和方法等不同，会造成与网格排放数据不同的差异。整体而言，基于典型城市的数据检验，本书建立的城市二氧化碳排放数据处于较为可信和可接受的水平。

附录 1：研究方法和数据

基础数据及来源列表

分类	数据	空间分辨率	说明	来源
能源	工业点源数据	点源	根据企业经纬度，建立企业排放点源 GIS 数据，结合企业填报的省、市和县等行政区域归属信息，空间分析、对比和验证其空间位置的精确度和准确度	CHRED
	化石能源电厂发电量	点源	以化石能源为燃料的发电企业（火电厂）的空间位置和发电量	CHRED
	非化石能源电厂发电量	点源	非化石能源发电企业（水电、风电、核电、生物质燃料发电和太阳能发电）的空间位置和发电量	《电力工业统计资料汇编 2012》
	农业生产／农村生活	省	利用中国各省农业／农村能源利用统计数据，核算各省农业／农村二氧化碳排放	《中国能源统计年鉴 2013》
	交通	省	中国各省交通二氧化碳排放	《中国能源统计年鉴 2013》
	全社会用电量	城市	各地级市全社会用电量	《中国城市统计年鉴 2013》
社会经济	人口空间分布数据	1 km	LandScan 全球人口动态统计分析数据库由美国能源部橡树岭国家实验室（ORNL）开发，是全球最为准确、可靠，具有分布模型及最佳分辨率的人口动态统计分析数据。LandScan 人口数据是美国国防部和国务院人口风险评估公认的标准	LandScan 数据库
	城镇建设用地	30 m	土地利用数据	Globeland30—2010
	农村居民点	30 m	土地利用数据	Globeland30—2010
	城市人口数据	地级市	地级市常住人口基础数据	《中国区域经济统计年鉴 2013》《中国城市统计年鉴 2013》
	城市 GDP 数据	地级市	地级市经济基础数据	《中国区域经济统计年鉴 2013》《中国城市统计年鉴 2013》

附录2：城市排名方法

一、分类相对评估

从产业结构、人口规模、综合实力和气候条件四个角度对城市进行分类。每个分类角度、同一类型的城市（如以产业结构分类，工业型城市）进行横向比较，选择低碳（人均二氧化碳排放）和发展（人均GDP）两个指标作为衡量依据，根据每一个指标数值高低进行排序，然后按照三等分法，按数值高低依次评估为五星（★★★★★）、四星（☆☆☆☆）和三星（☆☆☆）。鉴于低碳水平和经济发展在城市发展过程中同等重要，两个指标星值取平均，并保留整数部分作为城市低碳发展程度最终的星值。

二、整体绝对评估

对于城市低碳发展综合排序，依然考虑低碳（人均二氧化碳排放）和发展（人均GDP）两个指标，并将这两个指标在乘法处理的基础上形成优化模型算法。这种算法基于纳什所提出的社会福利函数，能更好地体现社会福利的多重目标。首先确定每个城市分别在人均二氧化碳排放和人均GDP两个指标下，在全国城市中的绝对排名，然后将两个排名相乘，乘积再排序，形成最终城市整体绝对评估的综合结果，排名值越小，低碳发展水平越高。

下图展示了综合评估结果特征。整体上有两个趋势，第一个是随着排名的下降，发展水平（人均GDP）在提高，人均排放水平也在升高，这主要为工业型城市；第二个是随着排名的下降，发展水平（人均GDP）在下降，人均排放没有表现出显著变化，主要是其他型城市（既非工业型也非服务业型城市）。

高排放（人均排放量高）、高发展（人均GDP高）的模式（右上角）和低排放（人均排放量低）、低发展（人均GDP低）的模式（右下角）都不利于低碳发展。

从产业结构上看，不同产业结构都可以做到较优的排序，但高人均排放的城市主要是工业型城市；从人口规模看，不同人口规模城市也可以做到较优的排序，但在排序靠后的城市中，中小城市占了较大比例。

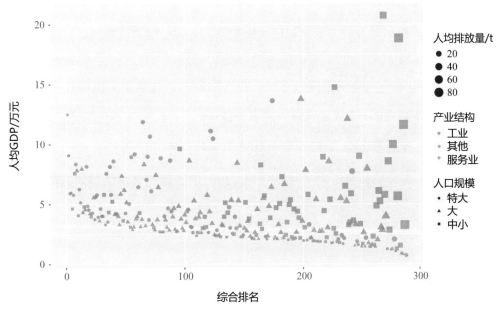

城市低碳发展综合评估特征分析

参考文献

［1］ CAI B F, WANG J N, HE J, et al. Evaluating CO_2 emission performance in China's cement industry: An enterprise perspective [J]. Applied Energy, 2016, 166：191-200.

［2］ CAI B F, ZHANG L X. Urban CO_2 emissions in China: Spatial boundary and performance comparison [J]. Energy Policy, 2014, 66：557-567.

［3］ CAI B F, BO X, ZHANG L X, BOYCE J K, ZHANG Y S, LEI Y. Gearing carbon trading towards environmental co-benefits in China: Measurement model and policy implications [J]. Global Environmental Change ,2016,39：275-284.

［4］ European Commission Joint Research Centre (JRC), (PBL) Netherlands Environmental Assessment Agency[E]. Emission Database for Global Atmospheric Research (EDGAR), 2015.

［5］ GURNEY K R, MENDOZA D L, ZHOU Y Y, et al. High resolution fossil fuel combustion CO_2 emission fluxes for the United States [J]. Environmental Science & Technology, 2009, 43(14)：5535-5541.

［6］ GURNEY K R. Vulcan Science Methods Documentation, Version 2. 0 [R]. 2011.

［7］ ODA T, MAKSYUTOV S. A very high-resolution global fossil fuel CO_2 emission inventory derived using a point source database and satellite observations of nighttime lights, 1980–2007 [J]. Atmospheric Chemistry and Physics Discussions, 2010(10)：16307-16344.

［8］ WANG J N, CAI B F, ZHANG L X, et al. High resolution carbon dioxide emission gridded data for China derived from point sources [J]. Environmental Science & Technology, 2014, 48(12)：7085-7093.

［9］ WRI，中国社会科学院城市发展与环境研究所，WWF. 城市温室气体核算工具指南(2.0) [R]. 2015.

［10］蔡博峰. 城市温室气体清单核心问题研究[M]. 北京：化学工业出版社，2014.

［11］蔡博峰. 国际城市CO_2排放清单研究进展及评述[J]. 中国人口·资源与环境，2013(10)：72-80.

［12］国家发展和改革委员会. 省级温室气体清单编制指南（试行）[R]. 2011.

［13］国家发展和改革委员会应对气候变化司. 2005中国温室气体清单研究[M]. 北京：中国环境出版社，2014.